SÉRIE SUSTENTABILIDADE

População e Ambiente:
desafios à sustentabilidade

Blucher

SÉRIE SUSTENTABILIDADE

JOSÉ GOLDEMBERG
Coordenador

População e Ambiente:
desafios à sustentabilidade

VOLUME 1

DANIEL JOSEPH HOGAN
(*in memorian*)
EDUARDO MARANDOLA JR.
RICARDO OJIMA

População e Ambiente: desafios à sustentabilidade
© 2010   Daniel Joseph Hogan
          Eduardo Marandola Jr.
          Ricardo Ojima
1ª reimpressão – 2015
Editora Edgard Blücher Ltda.

Blucher

Rua Pedroso Alvarenga, 1245, 4º andar
04531-934 – São Paulo – SP – Brasil
Tel 55 11 3078-5366
contato@blucher.com.br
www.blucher.com.br

Segundo Novo Acordo Ortográfico, conforme 5. ed. do *Vocabulário Ortográfico da Língua Portuguesa*, Academia Brasileira de Letras, março de 2009.

É proibida a reprodução total ou parcial por quaisquer meios, sem autorização escrita da Editora.

Todos os direitos reservados pela Editora Edgard Blücher Ltda.

FICHA CATALOGRÁFICA

Hogan, Daniel Joseph, 1942-2010.
  População e ambiente: desafios à sustentabilidade / Daniel Joseph Hogan, Ricardo Ojima, Eduardo Marandola Jr. – São Paulo: Blucher, 2010. – (Série sustentabilidade; v. 1 / José Goldemberg, coordenador)

  Bibliografia
  ISBN 978-85-212-0575-3

  1. Demografia 2. Desenvolvimento sustentável 3. Ecologia humana 4. População – Aspectos ambientais I. Ojima, Ricardo. II. Marandola Jr., Eduardo. III. Goldemberg, José. IV. Título. V. Série.

10-12214   CDD-304.6

Índices para catálogo sistemático:
1. População e meio ambiente: Demografia: Sociologia   304.6

Apresentação

Prof. José Goldemberg
Coordenador

O conceito de desenvolvimento sustentável formulado pela Comissão Brundtland tem origem na década de 1970, no século passado, que se caracterizou por um grande pessimismo sobre o futuro da civilização como a conhecemos. Nessa época, o Clube de Roma – principalmente por meio do livro *The limits to growth* [*Os limites do crescimento*] – analisou as consequências do rápido crescimento da população mundial sobre os recursos naturais finitos, como havia sido feito em 1798, por Thomas Malthus, em relação à produção de alimentos. O argumento é o de que a população mundial, a industrialização, a poluição e o esgotamento dos recursos naturais aumentavam exponencialmente, enquanto a disponibilidade dos recursos aumentaria linearmente. As previsões do Clube de Roma pareciam ser confirmadas com a "crise do petróleo de 1973", em que o custo do produto aumentou cinco vezes, lançando o mundo em uma enorme crise financeira. Só mudanças drásticas no estilo de vida da população permitiriam evitar um colapso da civilização, segundo essas previsões.

A reação a essa visão pessimista veio da Organização das Nações Unidas que, em 1983, criou uma Comissão presidida pela Primeira Ministra da Noruega, Gro Brundtland, para analisar o problema. A solução proposta por essa Comissão em seu relatório final, datado de 1987, foi a de recomendar um padrão de uso de recursos naturais que atendesse às atuais necessidades da humanidade, preservando o meio ambiente, de modo que as futuras gerações poderiam também atender suas necessidades. Essa é uma visão mais otimista que a visão do Clube de Roma e foi entusiasticamente recebida.

Como consequência, a Convenção do Clima, a Convenção da Biodiversidade e a Agenda 21 foram adotadas no Rio de Janeiro, em 1992, com recomendações abrangentes sobre o novo tipo de desenvolvimento sustentável. A Agenda 21, em particular, teve uma enorme influência no mundo em todas as áreas, reforçando o movimento ambientalista.

Nesse panorama histórico e em ressonância com o momento que atravessamos, a Editora Blucher, em 2009, convidou pesquisadores nacionais para preparar análises do impacto do conceito de desenvolvimento sustentável no Brasil, e idealizou a *Série Sustentabilidade*, assim distribuída:

1. **População e Ambiente: desafios à sustentabilidade**
   Daniel Joseph Hogan/Eduardo Marandola Jr./Ricardo Ojima
2. **Segurança e Alimento**
   Bernadette D. G. M. Franco/Silvia M. Franciscato Cozzolino
3. **Espécies e Ecossistemas**
   Fábio Olmos
4. **Energia e Desenvolvimento Sustentável**
   José Goldemberg
5. **O Desafio da Sustentabilidade na Construção Civil**
   Vahan Agopyan/Vanderley M. John
6. **Metrópoles e o Desafio Urbano Frente ao Meio Ambiente**
   Marcelo de Andrade Roméro/Gilda Collet Bruna
7. **Sustentabilidade dos Oceanos**
   Sônia Maria Flores Gianesella/Flávia Marisa Prado Saldanha-Corrêa
8. **Espaço**
   José Carlos Neves Epiphanio/Evlyn Márcia Leão de Moraes Novo/Luiz Augusto Toledo Machado
9. **Antártica e as Mudanças Globais: um desafio para a humanidade**
   Jefferson Cardia Simões/Carlos Alberto Eiras Garcia/Heitor Evangelista/Lúcia de Siqueira Campos/Maurício Magalhães Mata/Ulisses Franz Bremer
10. **Energia Nuclear e Sustentabilidade**
    Leonam dos Santos Guimarães/João Roberto Loureiro de Mattos

O objetivo da *Série Sustentabilidade* é analisar o que está sendo feito para evitar um crescimento populacional sem controle e uma industrialização predatória, em que a ênfase seja apenas o crescimento econômico, bem como o que pode ser feito para reduzir a poluição e os impactos ambientais em geral, aumentar a produção de alimentos sem destruir as florestas e evitar a exaustão dos recursos naturais por meio do uso de fontes de energia de outros produtos renováveis.

Este é um dos volumes da *Série Sustentabilidade*, resultado de esforços de uma equipe de renomados pesquisadores professores.

Referências bibliográficas

MATTHEWS, Donella H. et al. *The limits to growth*. New York: Universe Books, 1972.

WCED. *Our common future*. Report of the World Commission on Environment and Development. Oxford: Oxford University Press, 1987.

Prefácio

Eduardo Marandola Jr.
Ricardo Ojima

> Tenho razão para sentir saudade de ti,
> de nossa convivência em falas camaradas,
> simples apertar de mãos, nem isso, voz
> modulando sílabas conhecidas e banais
> que eram sempre certeza e segurança.
>
> *Carlos Drummond de Andrade*

Este prefácio seria quase dispensável. Mas como ele será assinado apenas por duas pessoas, é preciso mencionar algumas coisas.

Primeiramente, a importância do trabalho de Daniel ao conduzir uma linha de investigação perene, população e ambiente, no âmbito da ciência brasileira. Seu trabalho pela Demografia, em sua atuação na Associação Brasileira de Estudos Populacionais (Abep) e na União Internacional para o Estudo Científico da População (IUSSP), a fez ser incluída entre a lista de disciplinas e temas que qualquer estudioso de meio ambiente no Brasil deveria considerar. O que não deixa de ser o motivo para a inclusão deste livro nesta importante coleção.

Mas sua abrangência é maior. Tanto pela atuação junto à Associação Nacional de Pesquisa e Pós-graduação em Ciências Sociais (Anpocs), quanto na própria fundação da Associação Nacional de Pesquisa e Pós-graduação em Ambiente e Sociedade (Anppas), Daniel ajudou a abrir e consolidar a área de Sociologia Ambiental, contribuindo para todo o campo de preocupações sociais relacionadas ao meio ambiente.

Seu trabalho no Núcleo de Estudos de População e no Núcleo de Estudos e Pesquisas Ambientais, da Universidade Estadual de Campinas, que ele ajudou a fundar, sempre teve a interdisciplinaridade e a militância acadêmica como sua principal característica. Membro do Conselho Estadual do Meio Ambiente do Estado de São Paulo, Daniel atuou ali e em diversas outras searas em defesa do ambiente, sempre com uma postura ética e coerente com princípios humanistas e de justiça social.

Mas Daniel era um acadêmico. Estava sempre atento à importância da construção de espaços institucionais que possibilitassem o desenvolvimento de temas e pesquisas importantes, ao mesmo tempo em que prestava atenção aos novos que afluíam buscando novos horizontes e questões. Ele soube criar condições para que uma área se desenvolvesse e, mesmo com sua partida, pudesse continuar seu trabalho nas várias frentes que abriu.

Este livro, embora represente apenas uma parte pequena de tudo que Daniel fez e pensou (e nos ensinou) expressa algumas de suas preocupações nos últimos anos de seu trabalho. Sempre abrindo novos campos, ele não cessava de buscar as fronteiras do conhecimento, enveredando por fronteiras disciplinares, esmerando-se no trabalho teórico e metodológico tanto quanto no esforço empírico ao estudar lugares e regiões diferentes. Foi assim que estudou a adaptação de migrantes em São Paulo, no início dos anos 1970, a poluição ambiental e a migração em Cubatão, nos anos 1980, as bacias dos rios Piracicaba/Capivari/Jundiaí, nos anos 1990, as dinâmicas ambientais e demográficas no Centro-Oeste e em São Paulo, entre o final dos anos 1990 e início dos anos 2000, a vulnerabilidade e a expansão urbana nas Regiões Metropolitanas de Campinas e da Baixada Santista, nos anos 2000, e iniciou o estudo do crescimento urbano e da vulnerabilidade face às mudanças climáticas no litoral de São Paulo, no ano passado. Esse era seu trabalho para a próxima década, iniciando uma pesquisa na fronteira do conhecimento, mesmo com sua carreira acadêmica já plenamente consolidada, face às pesquisas e aos discípulos que já havia formado.

Essa lista de grandes projetos que Daniel levou a cabo durante sua carreira faz parte da história do próprio campo de população e ambiente e dos estudos ambientais de forma mais ampla, mostrando sua inquietude e busca pelas ferramentas teóricas necessárias para a compreensão do presente.

Que este livro sirva para manter o legado de sua pesquisa, de sua personalidade (sem dúvida, sua virtude mais valiosa), sua preocupação e busca por uma sociedade sustentável e resiliente. Que sirva também de inspiração para que outras pessoas se interessem pelo tema e avancem nesse fascinante e necessário campo de investigação.

Dedicamos este livro a ele, que apesar de não tê-lo visto concluído, orientou-nos (e continuará nos inspirando) em toda a escrita e no pensar que está impresso nas páginas a seguir.

Conteúdo

1   Espaço–tempo, 13

2   Tendências, 17

    2.1   O crescimento populacional, 19
    2.2   Dilemas socioambientais, 26
    2.3   População e ambiente, 32

3   Consumo, 37

    3.1   Pegada ecológica, 39
    3.2   Cidades, 42

4   Espaço, 51

    4.1   Regiões e ecossistemas, 55
    4.2   Aglomerações urbanas e mobilidade, 76
    4.3   Mudanças ambientais globais, 82

5   Tempo–espaço, 87

    5.1   Mitigação, adaptação e planejamento, 88
    5.2   Em busca da sustentabilidade e da resiliência, 92

Referências bibliográficas, 99

1 Espaço–tempo

O cinema é a grande caixa-preta (ou sala escura, se quisermos ser mais literais) da sociedade contemporânea. É a sociedade da mídia, do entretenimento, do espetáculo, do gozo eterno. Nessa caixa, vemos um espelho caricato ou um desejo, e por isso o cinema é tão tentador.

A verossimilhança e a busca pela realidade, pela colagem direta a uma real possibilidade leva muitos filmes a revelarem as motivações ou origens de mistérios históricos não resolvidos. Os filmes americanos, com suas sutilezas mal disfarçadas são caricaturas. O último filme da franquia de *Indiana Jones* mostrou a gênese do rio Amazonas, aquele mar de água, na saída de uma nave espacial que estava enterrada havia milênios na bacia. Quantas vezes vimos Atlântida ser criada ou destruída por forças, as mais diversas, desde terremotos, tsunamis ou, novamente, extraterrestres. Mas nem sempre há a correspondência direta com o fato histórico.

O último filme dos *X-men* tem seu clímax na famosa usina nuclear *Three Miles Island*, que ficou conhecida mundialmente por um grande acidente que ocorreu no final dos anos 1970. Este, junto com outros acidentes que ganharam repercussão nas décadas de 1970 e 1980, especialmente, são contabilizados como um dos fatores responsáveis pela tomada de consciência pública e institucional frente aos problemas ambientais.

No filme, quem causa o acidente é um mutante com olhos de lazer que cai no meio da estrutura. Mas é provável que a memória do evento não tenha chegado à geração do *reality show* atual, e que a própria usina tenha sido vista como mais um cenário criado pela mente imaginativa de Stan Lee. O próprio Wolverine perde ali sua memória e tudo o que ocorreu fica num passado desconectado do presente-futuro.

Todo o esforço ambientalista que se desenvolveu desde os anos 1960 tem se esforçado para impedir que o esquecimento tome o lugar da lembrança. Não esquecer dos acidentes, de suas vítimas, de tudo aquilo que silenciosamente mina a vida do planeta, é um esforço de presentificação do passado; é o que motiva todo defensor do ambiente e da vida, animal, vegetal ou humana.

No mesmo sentido, o alerta sobre garantir a sobrevivência das gerações futuras, outra bandeira ambientalista, é um esforço de presentificar o futuro. O presente, portanto, fica denso, carregado de responsabilidades do passado e do futuro. O contemporâneo é o tempo de remediar erros do passado, e evitar que erros do presente comprometam o futuro.

Há um aparente conflito geracional: estamos brigando com nossos avós e, ao mesmo tempo, privando nossos netos. Mas a dimensão temporal dos problemas ambientais não pode ser tomada como a definidora nem das ações, nem da sua compreensão. Precisamos ir além desse aparente conflito entre gerações para podermos pensar a complexidade do mundo.

Não podemos nos esquecer que, no fundo, conflitos, problemas e perigos relacionados ao ambiente se referem a uma forma inadequada de envolvimento do homem com o meio. Esse homem é multidimensional: é indivíduo, faz parte de uma família, compõe uma população, uma dada cultura, uma sociedade, um país. O meio, por outro lado, é multiescalar: é casa, é bairro, é cidade, é região, é mundo. A relação entre essas dimensões e escalas expressa a natureza da questão ambiental: uma população busca no ambiente a reprodução e a sustentabilidade de sua vida.

Esse é o cerne deste livro, o qual busca na compreensão das questões contemporâneas sobre a relação população–ambiente pensar os desafios à sustentabilidade. Para isso, é fundamental compreender a dinâmica demográfica e a distribuição espacial da população, bem como as questões dos limites ao crescimento e a amplitude das mudanças ambientais.

Nesse debate, a questão do consumo é central, pois esta tem sido a tônica da relação população–ambiente até agora. A necessidade crescente de recursos pelo aumento do consumo esbarrou na percepção dos limites ambientais e na intensidade das mudanças provocadas pela ação humana, como a discussão das mudanças climáticas colocou eloquentemente.

Mas não se trata apenas dessas mudanças. A distribuição dos recursos e da população não é homogênea nem sem intencionalidades no espaço. Há territorialidades construídas e em conflito que ajudam a distribuir desigualmente riscos e que colocam determinados grupos populacionais em situações de precariedade e de vulnerabilidade. A migração é tanto resposta quanto sintoma de desequilíbrios regionais ou locais na relação população–ambiente, e por isso a dimensão espacial é fundamental para compreendê-la. Por outro lado, como a questão envolve mudanças de curto, médio e de longo prazo, é necessário pensar o tempo enquanto componente do processo, não apenas porque o ritmo das mudanças é central na discussão, mas também porque, afinal de contas, os ritmos e os metabolismos alteram, por si sós, a composição da população e o meio em que ela vive, sendo essa dinâmica uma janela de oportunidades para dar um salto qualitativo em busca da qualidade de vida e de sociedades resilientes.

Perseguindo essas questões, este livro expressa o esforço de pesquisa e reflexão desenvolvido ao longo de anos de militância ambiental e acadêmica, pelos campos das Ciências Sociais e da Demografia, de forma mais direta, além dos estudos urbanos e ambientais. Desde os anos 1980, com a difusão mundial de casos de contaminação e suas consequências diretas para a saúde e a qualidade de vida humana, os estudos sobre população e ambiente fazem parte da agenda ambientalista e demográfica.

Sua importância transcende, em muito, a questão dos números, pois população–ambiente expressa, na verdade, o entendimento da questão ambiental enquanto relação sociedade–natureza, ou homem–meio. Essa é uma tradição antiga no pensamento ocidental, onde a Geografia, enquanto ciência e conhecimento de mundo, busca caminhos para o entendimento do homem e seu espaço. Por outro lado, as Ciências Sociais têm flertado com esse princípio epistemológico, com momentos de aproximações e distanciamentos.

O desafio que se coloca é pensar o cerne do problema ambiental como estando ligado a uma questão de ajustamento e relação população–ambiente, dando aos dois polos o mesmo nível de importância. Para isso, é necessário ter uma perspectiva espacial e demográfica dos processos sociais e ambientais, entendendo-os como integrantes de um só sistema ou ente.

A sustentabilidade só pode ser pensada se população e ambiente estabelecerem relações mediadas por um entendimento integrativo que vise a resiliência da sociedade e do ambiente a um só tempo. O livro procura problematizar algumas das questões centrais que precisam ser levadas em consideração no desenho dessa problemática: **Tendências, Consumo, Espaço** e **Tempo** são palavras-chave para pensarmos a sociedade contemporânea e o ambiente, sempre em contínua mutação.

O mundo é o que é pela eterna queda de braços entre mudanças e permanências. Mas, ao contrário do que muitos pensam, o espaço e o ambiente não são a permanência enquanto o tempo e a população são as mudanças, o movimento. Ambos podem ser profundamente resistentes a mudanças, tanto quanto terem tendências à contínua transformação. Como saber a diferença?

Parece um jogo para descobrir quem nasceu primeiro (o ovo ou a galinha?), e alguns até acham que a questão é: o ambiente muda a população ou a população muda o ambiente? O argumento deste livro é que não há população sem ambiente, nem ambiente sem população. Não há espaço sem sociedade, nem sociedade sem espaço. Portanto, pensar a sustentabilidade contemporânea é pensar sem distinção população–ambiente, no tempo e no espaço.

Que isso é uma tarefa urgente, ninguém duvida. E não é só porque 2012 está chegando e tantos profetas do "apocalipse-por-mão-humana" proliferam na internet com suas contas e previsões.

A humanidade e o planeta já sucumbiram mil vezes nas telas de cinema. Mas a derrota nunca foi total. Esperamos que, pelo menos nisso Hollywood tenha razão.

2 Tendências

Quando pensamos na relação população–ambiente, a primeira ideia que nos vem à mente costuma ser a famosa relação entre crescimento populacional e produção de alimentos elaborada por Thomas Malthus[1] em 1798. Segundo ele, haveria um constrangimento natural ao crescimento populacional que seria colocado pela (in)capacidade de extrair insumos à vida humana pelo uso dos recursos naturais a longo prazo. Basicamente, essa é uma das primeiras teorias que tiveram um importante impacto na sociedade e, sobretudo, nas ideologias que orientaram as políticas de população durante todo o século XIX e XX, variando de intensidade de tempos em tempos. Embora ainda seja uma abordagem sedutora, esse pensamento já não é o único no contexto dos estudos de população. Muitos outros processos e dinâmicas populacionais merecem ser entendidos para que se tenha um panorama, sobretudo, quando se pensa nas complexas relações entre população e ambiente.

---

[1] O tema central abordado por Malthus no seu *Ensaio sobre o princípio da população* era o crescimento da população e da pobreza, em particular no período da Revolução Industrial, na Grã-Bretanha (SZMRECSÁNYI, 1982). No que se refere às questões ambientais, a perspectiva malthusiana ganha espaço por considerar os limites do crescimento populacional em termos do avanço da pobreza e as limitações ao desenvolvimento econômico (MARTINE, 1993; HOGAN 2000).

Em primeiro lugar, é preciso considerar que o homem é multidimensional, pois faz parte de diferentes contextos e processos simultaneamente. Os papéis sociais e as interações que cada um desses papéis tem com os aspectos naturais variam, se sobrepõem e se potencializam de acordo com a dinâmica demográfica e o momento do seu ciclo vital. É preciso considerar também que o homem é multiescalar, dada a sua interação com o espaço e os impactos que sua ação engendra em diversos níveis.

Assim, uma ação pontual que aparentemente afetaria apenas a sua própria individualidade, sobretudo em dias nos quais os fluxos de tempo e espaço estão cada vez mais globalizados (CASTELLS, 1999), pode ter consequências inesperadas que transcendem os limites do seu próprio conhecimento e afeta as decisões a vida cotidiana de pessoas do outro lado do mundo (GIDDENS, 1991).

Isso significa que mesmo as nossas atividades mais simples do dia a dia estão, atualmente, condicionadas e sujeitas a influências de decisões e ações que ocorrem em qualquer lugar do mundo. Por exemplo, decisões sobre política econômica em um país da Europa Central podem influenciar as decisões de consumo de uma família que vive no interior do Brasil. Talvez não de modo racional ou premeditado, mas tais interconexões limitam as possibilidades e condicionam a tomada de decisão das pessoas em sua escala mais íntima, até mesmo no que diz respeito à decisão de comprar uma marca ou outra de um produto alimentício, ou, no limite, a forma de orientar e educar seus filhos.

Um desses aspectos, e que muitas vezes fica subjacente no discurso político e social, são as mudanças demográficas pelas quais passou o mundo nos últimos anos. Inicialmente, com o desenvolvimento de novas tecnologias e avanços na área médica, a transição epidemiológica trouxe avanços na qualidade de vida da população ao longo do século XX nunca antes vistos na história da humanidade. Isso teve como impacto, entre outros, uma redução da mortalidade e, posteriormente, também, como efeito, uma redução da natalidade. Ou seja, uma transição demográfica com a passagem de regimes de altas taxas de mortalidade e natalidade para baixas taxas.

Este capítulo coloca em evidência, portanto, essas tendências demográficas e as abordagens teóricas e metodológicas que se relacionam com as mudanças na relação população–ambiente. Ou seja, desde as primeiras abordagens malthusianas até os dias de hoje, as principais mudanças demográficas e as diferentes correntes de pensamento que orientaram a ação social e política, tendo em vista o pano de fundo da busca pela sustentabilidade.

Enfim, quais são os limites na busca por uma sociedade sustentável quando pensamos na relação entre população e ambiente? De fato, é uma busca por elucidar e expor a necessidade de enxergar as complexas relações que vão além dos números, dos processos subjacentes que, muitas vezes, obscurecem a percepção e nos fazem resgatar perspectivas conservadoras, tendo importantes impactos nas ações sociais, especialmente nos aspectos das ações políticas.

2.1 O crescimento populacional

Quando pensamos na dinâmica do crescimento populacional é preciso considerar seus componentes separadamente para poder pensar sobre as interações entre eles e os resultados que engendram. Cada componente possui interações e explicações diferentes em termos dos seus aspectos sociais, econômicos e políticos e, portanto, são elementos que se complementam.

A percepção de que o crescimento da população seria um dos problemas mais graves ao ambiente ainda era muito forte até a Conferência das Nações Unidas para o Meio Ambiente e Desenvolvimento, no Rio de Janeiro em 1992. Existia um consenso entre os ativistas e cientistas em geral de qual era a questão principal nessa relação: muita gente para recursos limitados. Ainda hoje, renasce dentro do debate sobre mudanças climáticas essa percepção, indicando que as perspectivas malthusianas ainda estão muito presentes tanto dentro do debate científico como entre a sociedade.

Claro que o volume populacional ou as taxas de crescimento têm um papel na relação população–ambiente, mas o que se coloca aqui é que tornar esse aspecto o único e exclusivo elemento para debate é reduzi-lo a apenas uma parte dos problemas que podem existir frente às complexidades dessa relação. Em verdade, parte dos receios da chamada "explosão populacional" esteve vinculada ao processo de **transição demográfica** (BERQUÓ, 2001) pelo qual passava parte significativa da população mundial. A segunda metade do século XX foi marcada por mudanças não apenas no que diz respeito às tensões políticas internacionais, mas pela ampliação do alcance das interações entre e economia, política e aspectos sociais entre as nações.

A transição demográfica diz respeito à passagem de altas taxas de fecundidade e mortalidade para um regime de baixas taxas. Essa transição, entretanto, envolve um conjunto de fatores que contribuíram para que o receio da explosão populacional se tornasse mais evidente nesse período, sobretudo, ao longo dos anos 1970, pois nesse momento essa transição ocorria, em parte, do mundo em desenvolvimento (América Latina). E, com o processo de globalização em sua fase inicial, as preocupações quanto aos limites do crescimento, preconizados no relatório do Clube de Roma e na Conferência da ONU sobre o Meio Ambiente em Estocolmo, em 1972, tornaram-se peça fundamental na relação entre o desenvolvimento econômico, os recursos naturais e o crescimento populacional.

No esquema conceitual da transição demográfica, como podemos ver na Figura 2.1, a redução das taxas de natalidade e de mortalidade ocorrem em ritmos diferenciados. Em diversas regiões no mundo, especialmente na segunda metade do século XX, as taxas de mortalidade declinaram muito mais rápido do que as taxas de natalidade. Isso se deve ao fato de que as intervenções realizadas no âmbito da redução da mortalidade têm impactos muito mais imediatos do que os aspectos que interferem na queda das taxas de natalidade.

Como consequência, há um intervalo em que nascem muito mais pessoas do que morrem e, assim, o crescimento populacional ocorre em um ritmo muito mais acelerado. Nos países europeus, onde esse processo de transição demográfica se iniciou há mais tempo, essa transição ocorreu de forma mais lenta, pois principalmente pelos avanços na medicina, a mortalidade foi diminuindo relativamente de forma lenta e, desse modo, o ritmo do crescimento populacional não apresentou o mesmo impacto que foi identificado no fim do século XX nos países em desenvolvimento.

No caso da América Latina, desde 1970, as taxas de mortalidade, sobretudo a mortalidade infantil, reduziram muito rapidamente. Em um período de 50 anos, a taxa de mortalidade infantil na América Latina passou de 126 óbitos para cada mil nascimentos em 1950, para 25 óbitos por mil em 2000. A mortalidade geral que era de 15 óbitos para cada mil habitantes, passou para seis por mil no mesmo período, refletindo a melhoria das condições de vida que ocorreu nesse período.

Tendências

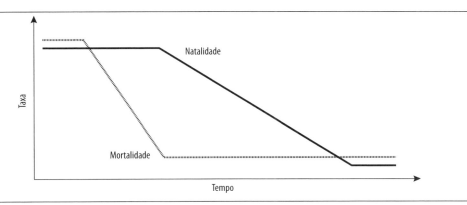

FIGURA 2.1 – Modelo geral da transição demográfica.
Fonte: Elaboração dos autores.

A natalidade, por seu turno, passou de 42 nascimentos para cada mil habitantes, para uma taxa de 21 nascimentos no mesmo período. Em termos do número médio de filhos por mulher em idade reprodutiva (taxa de fecundidade total), essa mudança representou uma alteração (no caso latino-americano) de valores de, em torno de, seis filhos por mulher em 1950, para 2,5 em 2000.

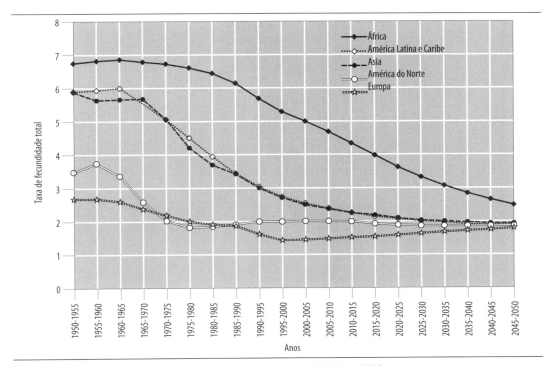

FIGURA 2.2 – Taxa de fecundidade total, grandes regiões do mundo (1950 a 2050).
Fonte: UN Population Division, World Population Prospects 2008.

Assim, essa etapa de queda mais rápida das taxas de mortalidade em relação à redução das taxas de natalidade fizeram com que, nesse período, o volume populacional de diversas regiões passasse a crescer rapidamente. Em alguns países da América Latina, como México, Brasil, Argentina, Uruguai etc., esse processo ocorreu mais rapidamente. Em outros, um pouco mais lentamente. Mas, de toda forma, o que podemos perceber é uma convergência das taxas de mortalidade e natalidade que, ainda na primeira metade do século XXI, tenderá a reduzir o ritmo de crescimento populacional à estabilidade. Como podermos ver na da Figura 2.3, na América Latina, teremos taxas de crescimento populacional próximas a zero antes da metade deste século.

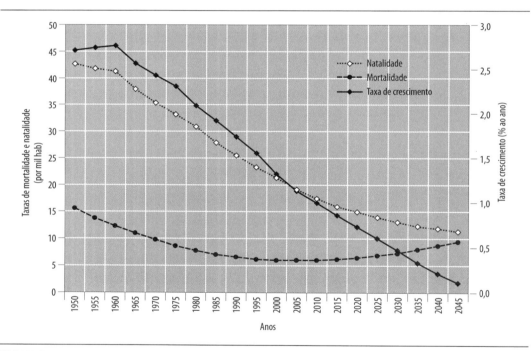

FIGURA 2.3 – Taxas de mortalidade, natalidade e crescimento, 1950 a 2045 (estimativas), América Latina e Caribe.
Fonte: UN Population Division, World Population Prospects 2008.

Essas tendências demográficas nos permitem pensar que o crescimento populacional em si não pode ser considerado o único e exclusivo motivo para os dilemas ambientais que emergem ao longo do século XX. Por um lado, houve uma simultaneidade de diversas transições que ocorreram ao longo deste século e que tornou difícil separar esses fatores. O século XX experimentou a transição tecnológica, industrial, cultural, demográfica, duas guerras mundiais, a globalização etc. Tudo isso em apenas um século, portanto, *A era dos extremos*, sugerida pelo historiador Eric Hobsbawn (1994), assistiu a mudanças aceleradas e que vão muito além dos números e que, podemos dizer, resgataram a perspectiva malthusiana como uma das maneiras mais simples de se "explicar" os desafios e conflitos ambientais que se tornaram mais evidentes nesse período.

Outro componente demográfico que está envolvido na discussão ambiental, mas que é menos considerado pela opinião pública quando se trata dos desafios futuros, é a mobilidade populacional. Assim, um dos processos mais evidentes relacionados a esse aspecto é a migração rural–urbana que ocorre simultaneamente à transição demográfica. Essas duas transições (demográfica e urbana) teriam interações (OJIMA, 2009). Isso porque, em parte, a redução rápida das taxas de mortalidade e de natalidade nos países latino-americanos estaria relacionada aos novos modos de vida propiciados pela vida nas cidades. Ou seja, as duas transições se completam e se potencializam de modo que uma não pode ser pensada sem a outra. A urbanização acelerada pela qual passou a América Latina não poderia ter ocorrido sem que houvesse como causa e consequência impactos nas taxas de mortalidade e fecundidade.

Como podemos ver na Figura 2.4, a população da América Latina e do Caribe passou por um processo de urbanização muito acelerado se comparado ao ritmo do resto do mundo. Em 50 anos, a população urbana passou de 40% urbana para cerca de 80%. Essa mudança em si representa um conjunto de fatores novos em termos da vida cotidiana das pessoas, que possui impactos diretos no ambiente. Entre elas, alterou significativamente o padrão de consumo (como abordaremos no próximo capítulo), o qual implica um papel significativo nas mudanças ambientais, pois muito mais do que **quantas** pessoas demandam pelos recursos naturais, vale pensar **como** essas pessoas realizam essa demanda.

Mas o deslocamento da população para áreas urbanas não é o único papel desse componente da dinâmica demográfica. A população não apenas passou a viver em áreas urbanas, mas também passou a viver concentrada em alguns grandes centros urbanos. Durante o século XX, então, emergem as grandes cidades, principalmente nos países em desenvolvimento. Cidades como São Paulo e Cidade do México, entre outras, se tornaram os centros dos principais problemas ambientais, deslocando e a discussão dos dilemas ambientais dos aspectos de preservação de áreas naturais ou de florestas, dos acidentes com produtos químicos para, finalmente, avançar para os espaços metropolitanos das grandes cidades. Primeiramente, sob a perspectiva da poluição atmosférica e posteriormente para aspectos mais amplos da qualidade de vida da população.

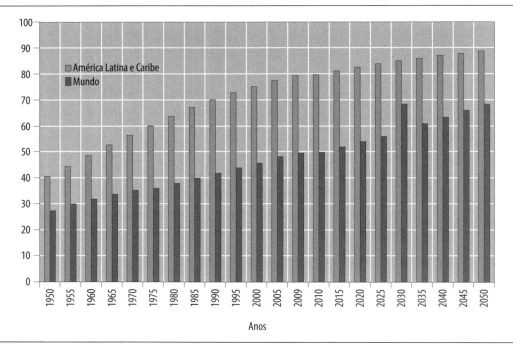

FIGURA 2.4 – Grau de urbanização, América Latina e Caribe e mundo, 1950 a 2050 (estimativas).
Fonte: UN Population Division, World Population Prospects 2009.

De fato, com a convergência das taxas de natalidade e mortalidade para zero, o papel da mobilidade populacional será cada vez maior. Apesar dessa grande transição já ter ocorrido na América Latina, Ásia e África ainda passarão por essa transição nos próximos anos. O ano de 2008 foi, segundo as estimativas da ONU, o período em que o mundo se tornou predominantemente urbano, ou seja, com mais de 50% da população vivendo nas cidades. Embora haja uma tendência clara de estabilização do crescimento populacional mundial, segundo essas estimativas das Nações Unidas, ainda haverá um crescimento da população até meados de 2050, e a grande questão, somada com a tendência da urbanização nos países da África e Ásia, é que a maior parte do crescimento populacional do século XXI ocorrerá nos contextos urbanos dessas regiões.

Com a tendência de estabilização das taxas de crescimento populacional e com a completa transição urbana, os fatores demográficos que interagem com a dinâmica ambiental se tornarão mais evidentes e, possivelmente, teremos na opinião pública mais clareza quanto a onde estará o foco das nossas preocupações. Isto é, com a estabilização do crescimento populacional, novos aspectos da relação população–ambiente emergirão, deslocando, então, a perspectiva dos grandes números que pressionam os recursos naturais, para uma percepção mais clara de que outros aspectos demográficos possuem impactos nessa relação.

Um exemplo disso são as mudanças importantes na estrutura doméstica e familiar, o envelhecimento da população, a dinâmica dos padrões de nupcialidade etc., que ocorrem no contexto das transições demográfica e urbana. As famílias são cada vez menores, mais envelhecidas, com casamentos mais tardios e, com isso, o ritmo de crescimento do número de domicílios passa a ser cada vez maior, tendendo a ser maior até que o ritmo de crescimento da população. Embora a população cresça a um ritmo mais lento hoje, quando analisamos os arranjos em que essas pessoas vivem, notamos que, cada vez mais, há uma tendência a termos domicílios menores. Assim, há um crescimento mais acelerado no ritmo de crescimento dos domicílios (ALVES; CAVENAGHI, 2005).

As recentes pesquisas no campo dos estudos de população apontam que o uso da unidade doméstica para analisar os impactos da população sobre o ambiente são mais interessantes, pois a mensuração do consumo *per capita* dificulta a análise dos reais fatores que impactam o ambiente (CURRAN; DE SHERBININ, 2004). De certa forma, a diminuição do ritmo de crescimento da população não é acompanhada pela redução proporcional do consumo energético ou da pegada ecológica dos domicílios (ver Seção 3.1).

Muito pelo contrário, nos países que já passaram pela transição demográfica, há um aumento do consumo. Somado a um aumento no número de domicílios, essa conta se tornará no futuro um dos principais desafios para serem considerados por políticas públicas. Ou seja, muito mais complexo de ser entendido e explicado do que a simples associação entre crescimento demográfico e pressão sobre os recursos.

2.2 Dilemas socioambientais

As preocupações ambientais recentes normalmente são marcadas no cenário internacional pela Conferência das Nações Unidas de Estocolmo, em 1972. Nesse momento, as preocupações com as questões ambientais já tinham se tornado um dilema que transpunha as fronteiras regionais e as relações entre os países centrais e os países em desenvolvimento se acirravam em torno do debate do desenvolvimento econômico.

Em 1968, o famoso livro de Paul Ehrilich (*The population bomb*) e, em 1972, o relatório do Clube de Roma (HOGAN, 2000; 2005; 2007) colocavam uma perspectiva catastrófica sobre a relação população e ambiente. Como pudemos ver, em parte, motivados pelas mudanças importantes nos componentes da dinâmica demográfica, mas também em razão do acirramento das desigualdades econômicas regionais.

Em 1974, a Conferência de População da ONU em Bucareste, levanta essa questão: o desenvolvimento seria o melhor método contraceptivo. Assim, deslocou-se o foco das preocupações com uma apropriação dos dilemas ambientais pelos movimentos controlistas sob uma perspectiva malthusiana. De certa forma, reduziu-se com isso a questão ambiental a uma relação unidimensional, contribuindo para que os componentes da dinâmica demográfica nunca tivessem recebido a devida atenção. Pois, afinal, para a corrente majoritária, bastaria resolver o "problema" populacional que estariam resolvidos os "problemas" ambientais (HOGAN, 2000).

Mas essas preocupações emergem e se destacam no início da década de 1970, pois nesse período alguns eventos relacionados à questão ambiental e seus impactos na vida humana ganham destaque no contexto social e político mundial. Quando se inicia a discussão acerca da limitação dos recursos naturais, logo após a Segunda Guerra Mundial, a escassez parece ter sido uma das principais preocupações no mundo ocidental industrializado. As preocupações com a questão ambiental surgem no momento em que o modelo de desenvolvimento capitalista enfrenta esse episódio do pós-guerra e a dinâmica econômica internacional parece ter atingido, no capitalismo, um patamar de mundialização nunca antes experimentado.

As repercussões disso é que o avanço e extensão da tecnologia criaram um conjunto de soluções que melhoraram a qualidade de vida em sua concepção mais ampla. Entretanto, tais soluções criaram outros problemas, tão ou mais difíceis de enfrentar. Assim, se pensarmos em termos de qualidade de vida, uma das melhoras significativas foi o acesso à água potável, mas com isso criou-se uma nova demanda que até então não se fazia sentir como um aspecto tão necessário à vida humana como é hoje.

Apesar de hoje o acesso à água potável ser uma demanda natural, nem sempre foi assim e, aos poucos, essa questão foi sendo internalizada pela sociedade como uma reivindicação inquestionável. Mas isso trouxe novos desafios, pois, nos últimos cem anos, a população mundial triplicou enquanto a demanda por abastecimento de água aumentou em sete vezes. Assim, elementos que hoje nos parecem ser condições básicas e fundamentais, quase que um direito universal para a vida humana, foram incorporados ao cotidiano e nas políticas públicas muito recentemente. E isso, claro, nos trouxe desafios a serem enfrentados.

Apesar de podermos identificar preocupações com as relações homem–meio, desde a Grécia Antiga, é só no final do século XX que essas relações passam a ser entendidas como partes de uma relação social, econômica e política. Ou seja, é no contexto do pós-guerra que as preocupações com o ambiente vão gradativamente deixando de ser uma questão restrita aos seus aspectos naturais e passam a fazer parte das questões sociais, inclusive atingindo a opinião pública, os órgãos governamentais e a comunidade científica. Enfim, é nesse momento que os dilemas passam a ser socioambientais e não apenas um debate centrado na natureza *stricto sensu*, e isso ocorre como consequência de evidências da inter-relação, sobretudo, dos aspectos ambientais com a qualidade de vida e saúde da população.

Um dos primeiros sinais desse deslocamento foi dado pelos desastres ambientais provocados por episódios de poluição atmosférica e seus impactos na saúde da população. O caso de poluição atmosférica em Donora, na Pennsylvania em 1948 (HOGAN, 2007), assumiu destaque, pois teve repercussões mais graves na saúde humana. Até então, a poluição causada pelas indústrias siderúrgicas da região era encarada como um elemento corriqueiro na vida da população. Mas, a partir desse episódio, com a morte de 20 pessoas e algumas centenas de pessoas doentes, é que se teve um processo de investigação mais sistemático das relações entre poluição do ar e a saúde da população.

Assim, o *U.S. National Public Health Service*, após cinco meses de investigação, avaliou que houve impactos prejudiciais a saúde em, pelo menos, metade da população adulta da cidade. E que, além disso, havia grupos populacionais mais afetados do que outros, como, por exemplo, a população idosa. Embora tenham identificado que a precariedade das condições habitacionais fosse elemento relacionado à maior incidência de mortalidade, não foram analisadas as condições socioeconômicas como variáveis significativas na relação ambiente e saúde. Como é possível de se supor nos dias de hoje, a população mais pobre seria aquela mais susceptível a ser afetada por tais impactos no ambiente. De certa maneira, os impactos ambientais na saúde humana eram considerados como um problema universal que afetaria indistintamente a população.

Na década de 1950 e 1960, outro caso relacionado à poluição e saúde humana assumiu destaque no cenário científico, político e social: a "doença" de Minamata, que levou à morte de 21 dos 52 pacientes descobertos ainda no primeiro ano. Após os primeiros estudos, descobriu-se que não se tratava de uma doença, mas de uma grave contaminação por metais pesados. Na verdade, havia na baía de Minamata, no Japão, uma fábrica que produzia fertilizantes, químicos e plásticos, e a utilização de mercúrio como agente catalisador gerava resíduos que contaminaram de maneira grave as águas da baía e, por consequência, os peixes e crustáceos na região. Os primeiros casos de contaminação na população ocorreram no ano de 1956 e, apesar dos debates, estudos e inclusive o processo judicial que condenou a empresa Chisso-Minamata, não foram adotadas medidas remediadoras em relação aos processos industriais poluentes até 1968, quando foi, então, substituído por se tornar obsoleto.

Nesse caso, os efeitos cumulativos que a contaminação produz tiveram impactos mais comprometedores do que no caso de Donora, pois, apesar da interrupção do processo contaminante em 1968, até aquele momento não havia sido realizado um levantamento abrangente que permitisse verificar a ocorrência de novos casos e, sobretudo, de casos indiretos associados a ele. Isso porque os registros oficiais da "doença" só poderiam ser feitos por um comitê oficial durante esse período e só os casos agudos e que apresentavam todos os sintomas eram diagnosticados como tal. A partir do encerramento do processo, em um estudo mais amplo, verificou-se que 84% das famílias dos pacientes também apresentavam algum sintoma e 55% tinham distúrbios neuropsiquiátricos na infância.

Assim, até dezembro de 1974, foram registrados 798 casos oficiais, sendo 107 mortes e 2.800 casos considerados suspeitos. Mas o principal resultado, e mais alarmante, foi apresentado pelos casos de doenças congênitas relacionados à contaminação, tendo sido encontrados casos de deficiências mentais em 29% das crianças nascidas na região, posteriormente ao período de contaminação – percentual muito superior à média da população.

Embora esses casos não tenham sido os mais graves da história dos impactos ambientais, assumiram uma expressão importante em virtude das repercussões que tiveram, tanto na opinião pública quanto na comunidade científica, apontando para um novo contexto no qual tais preocupações estavam passando por um processo de mudança em relação à forma com que eram tratados e percebidos pela sociedade em geral. Isso pode ser percebido com maior clareza a partir da publicação do livro *Primavera silenciosa*, em 1962, de Rachel Carson.

Nessa obra, a bióloga evidencia algumas questões que colocaram em pauta os efeitos nocivos causados pelos produtos químicos, especialmente o DDT e outras substâncias derivadas dos laboratórios da Dow Chemical e outros (CARSON, 2010). Com isso, ela antecipou o princípio da precaução, que hoje orienta muitas ações baseadas em questões ambientais, ao restringir o uso ou produção de determinado produto, considerando o risco potencial que poderá gerar; assim, a repercussão que o livro teve na sociedade civil acabou levando à proibição do uso de DDT com base nesse risco potencial, socialmente percebido.

Assim, nesse contexto em que a sociedade passou a reconhecer e se preocupar com as questões ambientais, nasce o embrião das grandes preocupações mais abrangentes e globais que passariam a ser mais bem entendidas gradualmente, sobretudo, a partir da Conferência de Estocolmo, em 1972. De casos isolados de impacto ambiental, tais ocorrências passaram a ser vistas como um conjunto de fatores interligados e que estavam na pauta das principais questões relativas ao desenvolvimento econômico, ao progresso e à tecnologia. Somando à expansão das fronteiras do capitalismo, com a transferência mais marcante de plantas industriais dos países desenvolvidos para os países pobres, a gravidade da problemática se fundiu a outras questões, como a dinâmica do crescimento demográfico.

Como vimos, os principais casos de contaminação que tiveram expressão mais intensa na opinião pública ocorreram em países desenvolvidos e onde o ritmo de crescimento demográfico já se encontrava em níveis muito mais baixos. Com a transferência dos "problemas" ambientais para os países em desenvolvimento e, particularmente, nesse momento, aos países da América Latina, transferiu-se com muita facilidade também a responsabilidade para os fatores do crescimento demográfico.

O crescimento demográfico nos países do chamado terceiro mundo aumentou simultaneamente ao despertar das questões ambientais no mundo e, embora as conferências de meio ambiente e de população passassem a ocorrer praticamente em paralelo, os debates em cada uma parecem não ter sido considerados de forma integrada como poderiam.

A Figura 2.5 mostra como as Conferências da ONU sobre População e sobre Ambiente ocorrem praticamente ao mesmo tempo, embora não haja, de fato, uma preocupação integrada entre elas. Assim, considerando os debates de forma isolada, não houve avanços significativos em termos de abordagens e de perspectivas que fossem muito além do resgate da perspectiva malthusiana e um receio grande de que as preocupações ambientais fossem limitantes ao desenvolvimento econômico dos países pobres. Foi só após a Rio 92 que passam a surgir discretamente alguns sinais de que outras correntes de pensamento poderiam ter voz na relação população–ambiente.

A Agenda 21, lançada em 1992, levanta a questão do consumo como um elemento importante, embora ainda não tenha avançado de forma mais sistemática em relação a esses assuntos. Da mesma forma, é sutil a menção aos impactos dos movimentos populacionais e das formas de assentamento humano à capacidade de suporte de uma determinada região.

Dentro desse contexto, nos anos 1990, surgem os primeiros grupos de demógrafos que buscam sistematizar estudos no campo da relação entre população e ambiente. A União Internacional para o Estudo Científico da População (International Union for the Scientific Study of Population – IUSSP), fundada em 1928, teve um papel importante nas discussões sobre população nas Conferências da ONU. As reuniões sobre população das Nações Unidas, até antes de 1984 (no México), foram reuniões em que prevaleceu o debate científico em relação aos debates sobre políticas de população.

População	Ambiente
Bucareste, 1974	Estocolmo, 1972
Cidade do México, 1984	Nairobi, 1982
Cairo, 1994	Rio de Janeiro, 1992

FIGURA 2.5 – Principais Conferências das Nações Unidas sobre os temas População e Ambiente.

Em termos da temática ambiental, mais recentemente, no início dos anos 1990, foi criado um grupo de trabalho em População e Ambiente que, a partir de então, favorece a ampliação das abordagens e metodologias utilizadas. Ao menos dentro do campo científico, avanços importantes puderam ser observados. Simultaneamente, no Brasil, a Associação Brasileira de Estudos Populacionais (Abep), no início dos anos 1990, cria um grupo de trabalho com a mesma orientação, buscando ampliar o estudo das relações entre população e ambiente, ampliando os estudos no cenário brasileiro (MARANDOLA JR.; HOGAN, 2007a) e abrindo perspectivas para se pensar uma demografia ambiental (HOGAN, 2001).

Embora passados quase 40 anos após Estocolmo, os paradigmas de desenvolvimento ainda não parecem ser, nem de longe, uma unanimidade. Embora um dos resultados dessa Conferência tenha sido o reconhecimento da necessidade imprescindível de um maior conhecimento da relação do homem com o ambiente, o debate central continuou a perceber a relação população–ambiente como composta por fatores separados e pouco relacionados ao desenvolvimento. A verdade é que, em muitos sentidos, o que se pensa a respeito dos problemas ambientais ainda está relacionado aos limites de crescimento populacional; de certa forma, essa perspectiva parece ser a mais reconfortante, uma vez que não confronta interesses econômicos, deixando de lado o debate sobre como o homem transforma a natureza.

2.3 População e ambiente

Apesar dos avanços e debates importantes no campo dos estudos demográficos, sobretudo após a Conferência do Cairo, em 1994, ainda parece existir uma perspectiva controlista sobre a questão. Assim, a perspectiva do controle de natalidade deu lugar aos direitos sexuais e reprodutivos, fazendo com que o debate sobre o planejamento familiar deixasse de ser uma imposição e passasse a ser visto como parte de medidas para garantir acesso a informação e serviços de saúde reprodutiva visando a redução da gravidez não desejada. Por outro lado, a evolução do debate, ao longo da segunda metade do século XX, foi marcada por ser discutido, de forma paralela, entre os ambientalistas e demógrafos.

O movimento ambiental cresceu e ganhou força de forma rápida e surpreendente até mesmo para os mais engajados. Principalmente, a partir da Rio 92, mas, mais recentemente, com a publicação em 2007 do 4º Relatório (AR-4) do Painel Intergovernamental sobre Mudanças Climáticas (IPCC, na sigla em inglês), a internalização do debate ambiental encontrou espaço em todas as esferas da vida social, passando a se tornar um debate que perpassa toda a sociedade.

Assim, o reflexo desse debate paralelo se faz perceber no resgate pouco informado da cruzada controlista em termos das questões ambientais. Ou seja, apesar do acelerado processo de transição demográfica identificado, sobretudo, na América Latina, onde o ritmo de crescimento populacional já assume perspectivas de estabilização por volta de 2050, o que vemos é o resgate do dilema dos limites do crescimento populacional, agora sob a perspectiva das emissões de gases de efeito estufa (GEE).

Logo após a divulgação do quarto relatório do IPCC, em 2007, organizações não governamentais e entidades ambientalistas resgataram uma abordagem malthusiana. Nesse enfoque, consideram que, se forem confirmadas as estimativas de crescimento populacional até 2050 (2,5 bilhões de pessoas, segundo a ONU) e com base nas emissões médias de CO_2, haveria um acréscimo de 11 bilhões de toneladas por ano de CO_2. Essa abordagem sugere que o crescimento populacional seria (novamente) o grande responsável pelos problemas ambientais, nesse caso o aquecimento global.

Mas o que essa conta não leva em consideração é o fato de que esse aumento estaria baseado nas emissões mundiais médias *per capita*. Ou seja, não considera o fato de que é nos países do Anexo I[2] que se concentra a maior parte das emissões. Segundo o IPCC (2007a), os países do Anexo I – que representam cerca de 20% da população mundial – emitem quatro vezes mais GEE do que o restante do mundo.

Isso não significa que não existem questões demográficas relacionadas ao assunto, mas que há muito mais do que a mera relação entre crescimento populacional e pressão sobre os recursos. Questões mais complexas como a estrutura doméstica, deslocamentos populacionais, estilos de vida, pegada ecológica, entre outros, são temas que nos últimos anos têm tomado vulto nos estudos sobre a relação população e ambiente, mas ainda poderiam ser mais explorados.

Em relação aos componentes da dinâmica demográfica, a mobilidade populacional é uma das questões que assumem destaque, pois com a redução e estabilização das taxas de mortalidade e de fecundidade, cresce a importância do componente migratório. A distribuição espacial da população, portanto, inclui processos dinâmicos com o ambiente que, apesar de serem intrínsecos ao debate, só mais recentemente se tornaram objeto de investigação como um fenômeno de relevância. Ou seja, os estudos populacionais na área de migração nunca deixaram de considerar as condições ambientais como parte dos fatores que influenciam a decisão de migrar; entretanto, vale destacar que a relação entre migração (em seu sentido mais amplo) e ambiente não pode ser considerada apenas como uma parte dos estudos migratórios.

Isso se deve ao fato de que não são apenas os deslocamentos permanentes de residência, considerados *stricto sensu* como movimentos migratórios, os processos que interagem com a dinâmica ambiental. É preciso dar conta de movimentos populacionais como os movimentos pendulares (aqueles realizados diariamente entre região de residência e região de trabalho, estudo, lazer, compras etc.); e os movimentos sazonais (aqueles realizados em períodos específicos do ano, como em períodos de plantio e colheita, temporadas de turismo etc.); entre outros. Mas a principal questão envolvida é tratar a relação entre migração e ambiente, entendendo sua relação com a distribuição dos recursos naturais, seus usos, seu esgotamento e degradação, bem como analisar as consequências de mudanças ambientais em termos dos impactos que essa mobilidade humana pode provocar (HOGAN, 2005).

---

[2] O Anexo I do relatório do IPCC considera, entre outros, países como Estados Unidos, Alemanha, Inglaterra, Rússia e Japão.

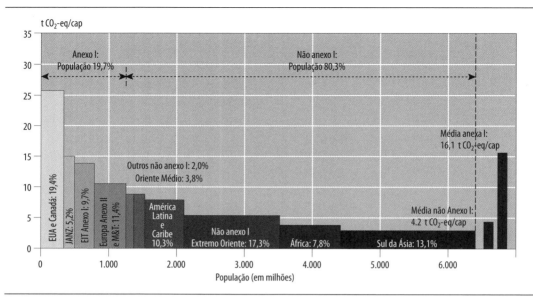

FIGURA 2.6 – Distribuição das emissões regionais de GEE por habitante, em função da população de diferentes grupos de países em 2004.

Notas:

EIT Anexo I: Bielorussia, Bulgária, Croácia, República Tcheca, Estônia, Hungria, Lativia, Lituania, Polônia, Romênia, Russia, Eslováquia, Eslovênia e Ucrania.

Europa anexo II e M&T: Áustria, Bélgica, Dinamarca, Finlândia, França, Alemanha, Grécia, Islândia, Irlanda, Itália, Luxemburgo, Holanda, Noruega, Portugal, Espanha, Suécia, Suiça, Reino Unido, Mônaco e Turquia.

JANZ: Japão, Autrália e Nova Zelândia.

Oriente Médio: Barém, Irã, Israel, Jordania, Kuwait, Libano, Oman, Qatar, Arábia Saudita, Síria, Emirados Árabes e Iemem.

América Latina e Caribe: Antigua & Barbuda, Argentina, Bahamas, Barbados, Belize, Bolívia, Brasil, Chile, Colômbia, Costa Rica, Cuba, República Dominicana, Equador, El Salvador, Granada, Guatemala, Guiana, Haiti, Honduras, Jamaica, México, Nicarágua, Panamá, Paraguai, Perú, Santa Lucia, San Kitts-Nevis-Aguilla, San Vicente-Grenadines, Suriname, Trinidad e Tobago, Uruguai e Venezuela.

Não anexo I, Leste da Ásia: Cambodja, China, Coreia do Sul, Laos (PDR), Mongólia, Coreia do Norte e Vietnam.

Sul da Ásia: Afeganistão, Bangladesh, Butão, Comoros, Ilhas Cook, Fiji, Índia, Indonésia, Kiribati, Malásia, Maldivas, Ilhas Marshall, Micronésia, Myanmar, Nauru, Niue, Nepal, Paquistão, Palau, Papua Nova Guiné, Filipinas, Samoa, Singapura, Ilhas Salomão, Sri Lanka, Tailândia, Timor-Leste, Tonga, Tuvalu e Vanuatu.

Outros não anexo I: Albânia, Armênia, Azerbajão, Bósnia Herzegovina, Chipre, Georgia, Kazaquistão, Kyrziquistão, Malta, Moldávia, San Marino, Sérvia, Tajikistão, Turcomesnistão, Uzbekistão e República da Macedônia.

África: Argélia, Angola, Benin, Botswana, Burkina Faso, Burundi, Camarões, Cabo Verde, República da África Central, Chad, Congo, República Democrática do Congo, Costa do Marfim, Djibouti, Egito, Guiné Equatorial, Eritreia, Etiópia, Gabão, Gambia, Gana, Guiné, Guiné-Bissau, Quênia, Lesoto, Libéria, Líbia, Madagascar, Malawi, Mali, Mauritânia, Maurício, Marrocos, Moçambique, Namíbia, Níger, Nigéria, Ruanda, São Tomé e Príncipe, Senegal, Seichelles, Serra Leõa, África do Sul, Sudão, Swazilândia, Togo, Tunísia, Uganda, Tanzânia, Zambia e Zimbabwe.

Fonte: IPCC, 2007.

Recentemente, derivado do conceito de refugiados tratado pelo Alto Comissariado das Nações Unidas para os Refugiados (Acnur), emerge um novo conceito que explicita bem a característica especial da relação entre migração e ambiente. Trata-se do conceito de refugiados ambientais decorrente de um inevitável deslocamento populacional provocado por fatores externos a sua vontade e que se ligam diretamente às questões ambientais. O debate sobre refugiados ambientais vem sendo realizado nas instituições globais, particularmente sob a alcunha das Nações Unidas, para tratar dos deslocamentos populacionais realizados sob situações de constrangimento ambiental.

Em 1985, Essam El-Hinnawi, então pesquisador do Programa das Nações Unidas para o Meio Ambiente (Unep), tenta incorporar à definição do Acnur a questão das pessoas que estariam fugindo ou deixando seu local de residência em decorrêcia de ameaças de vida e segurança provocadas pelas mudanças no ambiente. Dentre essas ameaças, foram consideradas quaisquer mudanças físicas, químicas e biológicas nos ecossistemas ou diretamente nos recursos naturais que os transformam, tornando o ambiente impróprio para manter ou reproduzir a vida humana (EL-HINNAWI apud BATES, 2002).

Mas é principalmente entre os estudos localizados em regiões específicas de escassez, degradação, limitação de recursos, que surgem as iniciativas que mais contribuíram para o avanço do estudo das relações entre ambiente e migração. Pois o local onde a população vive, trabalha, circula, se diverte sempre terá um impacto direto sobre o ambiente. De outro lado, a relação inversa também deve ser considerada, pois, mesmo sem recair em uma perspectiva determinista para o comportamento humano, a forma com que a população vive em uma determinada região está fortemente relacionada ao ambiente que a cerca.

A água é um dos exemplos mais claros dessa relação complexa, que envolve a distribuição da população no espaço e os recursos naturais. Isso pode ser percebido pela dificuldade crescente em se oferecer água de boa qualidade para consumo humano nas principais áreas urbanas do mundo, apesar dos avanços tecnológicos que ampliaram muito a capacidade de oferta de água em termos da capacidade de tratamento ou captação. Em algumas regiões do mundo a água é o fator que limita, de certa forma, o crescimento populacional ou econômico. Isso ocorre, principalmente, pelo fato de que as regiões com maior abundância de recursos hídricos não são necessariamente as regiões nas quais a demanda é mais crescente.

De fato, essa é uma contabilidade complexa, pois no Brasil, por exemplo, cerca de 80% da água está localizada na região amazônica, onde vive, apenas, em torno de 20% da população brasileira, esse "desequilíbrio" pode levar a "soluções" desastrosas. Dentre essas soluções, podemos lembrar os incentivos aos movimentos migratórios para essa região, como no período de ocupação da fronteira agrícola dos anos 1970, visando, em última instância, ocupar o território brasileiro de forma mais "homogênea" e levando a resultados ainda pouco compreendidos do ponto de vista dos seus impactos ambientais; ou propostas de transposição de recursos hídricos de uma bacia para outra, como vemos no caso do Sistema Cantareira[3], em São Paulo, ou no caso do São Francisco[4], na região Nordeste. Esses casos tiveram impactos sociais, econômicos e ambientais importantes.

Mas além da mobilidade, outros aspectos demográficos têm recebido atenção mais recentemente na relação população e ambiente. Embora ainda de maneira discreta, alguns estudos têm se aprofundado em analisar os impactos das mudanças na estrutura etária da população, em parte, consequência da transição demográfica e da transição urbana, no padrão de uso e consumo dos recursos naturais. Abordagens como o conceito de pegada ecológica, que buscam acompanhar a trajetória do consumo a partir dos processos de produção, trazem novos elementos para pensar a capacidade de suporte e a carga que um determinado padrão de consumo pode trazer sobre uma determinada região ou modo de produção.

---

[3] O Sistema Cantareira foi um dos primeiros grandes projetos de transposição de água para abastecimento de uma grande cidade. Foi implementado na década de 1970 para transpor parte da água da bacia dos rios Piracicaba e Capivari para o abastecimento doméstico da Região Metropolitana de São Paulo. Essa transposição levou a inúmeros debates na sociedade civil, pois havia um receio grande de que essa transposição comprometesse o desenvolvimento econômico da região de Campinas, no interior de São Paulo. Como resultado, criou-se o Consórcio Intermunicipal das Bacias dos Rios Piracicaba e Capivari (posteriormente, também o rio Jundiaí) que ampliou a rede de discussões no Estado de São Paulo e culminou com a criação dos Comitês de Bacia Hidrográfica, hoje, modelo de gestão integrada no setor de recursos hídricos para o País.

[4] O debate sobre a transposição do Rio São Francisco assumiu maior destaque no início dos anos 2000 e mobilizou diversos setores da sociedade civil e da comunidade acadêmica. Embora tenha uma preocupação social para minimizar a situação de vulnerabilidade social na região de secas do Nordeste brasileiro, há muito receio sobre a eficácia dessa transposição e os impactos ambientais que ela pode causar no curso do Rio São Francisco, já muito impactado pelo seu represamento para geração de energia, sobretudo, na região do semiárido, próximo a Sobradinho.

3 Consumo

A relação população–consumo tem recebido crescente destaque como uma das questões mais importantes dos estudos ambientais. Afinal, não se trata exatamente de quantas pessoas existem, mas do seu padrão de consumo (MELLO; HOGAN, 2007), uma das principais lacunas deixadas por esse debate ao longo dos últimos anos. Só mais recentemente surgem alguns estudos em que essas relações têm sido desenvolvidas com mais detalhamento, mas, mesmo assim, ainda com um certo grau de simplificação que, embora limite análises mais sofisticadas, aponta para um caminho promissor no sentido de avançar em algumas inter-relações. Dentro dessa perspectiva, o contexto da transição demográfica e a estrutura doméstica são muito pouco explorados em termos da sua contribuição para os efeitos e consequências ambientais.

Curran e De Sherbinin (2004) fazem uma revisão da literatura internacional sobre os desafios de incorporar a dimensão do consumo na equação população–ambiente. Entre as abordagens potencialmente produtivas para o avanço das discussões, eles observaram que o uso da unidade doméstica, como unidade de análise, possui algumas vantagens em termos dos fatores ambientais. Entre outros fatores, uma das unidades de medida mais comuns para medir o consumo é o nível de consumo energético; pois é relativamente de fácil mensuração, conversão em outras unidades e possui um sentido ambiental intrínseco (em termos de poluição e/ou GEE). Assim, as análises baseadas em termos do domicílio fazem mais sentido que aquelas realizadas em termos de consumo *per capita*.

Sendo assim, o foco da análise da relação população e ambiente se deslocaria da discussão sobre o crescimento populacional, mas buscaria entender, com mais detalhamento, a dimensão da estrutura doméstica, dos padrões de sucessão geracional, dos usos e padrões de consumo (relacionando aqui aos fatores culturais e sociais), e do estágio em que determinada população se encontra no processo de transição demográfica. Isso porque, sendo a unidade doméstica a principal unidade de análise e entendendo melhor tais relações, poderíamos entender quais as dimensões demográficas que estariam envolvidas nos aspectos ambientais, mesmo quando duas regiões possuem o mesmo contingente populacional, por exemplo.

O trabalho de O'Neill, MacKeller e Lutz (2001) identificou que variações no número de domicílios são melhores indicadores para a análise dos GEE do que o crescimento populacional em geral. Isso é explicado porque fatores associados à transição demográfica têm diminuído progressivamente o tamanho médio dos domicílios; entretanto, essa diminuição não é acompanhada proporcionalmente por uma diminuição no consumo energético de um domicílio. E não é apenas o crescimento do número de domicílios, mas também o modelo de desenvolvimento e a transição urbana que têm favorecido o aumento do consumo energético em geral.

Não é necessário empenhar muito esforço para se perceber que o consumo, sobretudo nos países em desenvolvimento, aumentou significativamente ao longo século XX. Nesse período, as taxas de crescimento médio anual da população foram muito mais baixas do que as taxas de crescimento de consumo de água, por exemplo, no mesmo período. Mesmo que consideremos que grande parte desse consumo tenha se dado pelo acréscimo de atividades agrícolas (principais consumidores de água), não se deixa de ter uma estreita relação com um consumo direto ou indireto de água por parte da população como um todo.

O crescimento do mercado de consumo por meio da incorporação progressiva do que se pode chamar de modernização, trouxe uma situação insustentável em inúmeras localidades. Assim, a transferência inquestionável das virtudes da modernização, como, por exemplo, o maior acesso ao abastecimento de água potável nos domicílios, trouxe consigo uma explosão de consumo que superou a expectativa da explosão populacional do período. Segundo os dados das Nações Unidas, o principal período de crescimento do consumo de água no Brasil foi da década de 1960 até 1991, momento no qual houve um crescimento das principais aglomerações urbanas do País e a demanda por compatibilização do acesso à infraestrutura de saneamento e abastecimento adequado de água potável foi muito grande.

Nesse sentido, a transição urbana trouxe, ao mesmo tempo, um potencial de acesso ao consumo de bens e serviços que, hoje, são considerados insumos básicos para qualquer sociedade (como o abastecimento de água, por exemplo), mas trouxe também desafios muito grandes em relação à capacidade de se oferecer tais serviços de maneira adequada e sustentável. Mas o que isso tem a ver com consumo? O serviço de tratamento e abastecimento de água teve um crescimento muito maior que o de coleta e tratamento de esgoto nesse período. Por um lado, a capacidade de investimentos em infraestrutura em um contexto de acelerado crescimento da população urbana, como ocorreu na América Latina ao longo dos anos de 1960, teve impactos nessa expansão desequilibrada; mas um dos aspectos econômicos envolvidos, e que favoreceram a ampliação do sistema de abastecimento de água em detrimento da coleta e tratamento de esgoto, é justamente a sua relação de consumo.

Enfim, cabe aqui perguntar: qual é o papel do componente demográfico no que se refere ao aumento do consumo? E mais, quais são as diferenças do padrão de consumo que podem ser atribuídos aos aspectos demográficos? Como já mencionado, ainda são perguntas que estão à espera de respostas mais concretas, mas as evidências e estudos iniciais já colocam pontos importantes a serem pensados. Não em termos de retomar o estigma malthusiano, mas do ponto de vista de como enfrentar os desafios postos pela transição demográfica no que tange aos dilemas ambientais.

3.1 Pegada ecológica

Mas como fazer essa relação entre população e impacto ambiental sem resgatar o paradigma malthusiano? Um dos conceitos que têm sido utilizados nesse contexto é a ideia de **pegada ecológica**[1]. Esse conceito busca entender os processos de produção a partir da redução a uma unidade de medida que permita mensurar qual seria o impacto virtual de cada pessoa em termos do seu consumo. Como o nome sugere, busca-se acompanhar as pegadas, recuperar as etapas da cadeia de produção de cada produto que consumimos, no intuito de identificar como o nosso estilo de vida impacta o ambiente.

Basicamente, a ideia da pegada ecológica é mensurar quantos hectares um país, cidade, região ou mesmo uma pessoa "utilizariam" para gerar produtos, bens e serviços para manter determinado padrão de vida e de consumo. Não se trata, portanto, de uma medida exata, mas uma estimativa que permite dar visibilidade maior ao peso que o modo de vida que levamos possui em diferentes contextos. A composição da pegada ecológica, portanto, deve considerar as diversas formas de produção em todo tipo de território. Deve considerar áreas agrícolas, mares, florestas; os diversos produtos, como alimentação, energia; serviços (transporte, por exemplo) e ainda considerar as tecnologias empregadas, bem como o volume de população envolvido na produção.

Para se obter o cálculo da pegada ecológica, busca-se acumular o saldo do impacto ambiental de uma pessoa, grupo, região etc. possui ao longo de um período. Assim, poderíamos somar o consumo de água utilizado para suas atividades de higiene, consumo direto ou atividades gerais. Podemos adicionar, ainda, o consumo de alimentos, considerando se a sua dieta básica é composta por vegetais, carnes ou produtos industrializados, e até o volume de lixo que produzimos. Nessa contabilidade geral, teríamos uma unidade de medida específica para cada produto que converteria o consumo de determinado volume de água, carne, vegetais, produção de lixo em hectares. Enfim, a pegada ecológica converteria o nosso padrão de consumo em uma unidade de medida que nos é mais inteligível para termos uma percepção de "quanto" de território da superfície terrestre é necessário para sustentar nosso padrão de vida.

O consumo de água é um bom exemplo para demonstrar o impacto da pegada ecológica em nossa rotina diária. Segundo os dados das

---

[1] O termo em inglês *Ecological Footprint* ganhou repercussão em 1992, tendo sido incorporado ao jargão acadêmico com o livro *Our ecological footprint:* reducing human impact on the Earth, de William Rees e Mathis Wackernagel, de 1996 (REES; WACKERNAGEL, 1996).

Nações Unidas, o consumo médio diário de água de uma pessoa para atender suas necessidades básicas de consumo direto e higiene seria de cerca de 110 litros por dia. Embora pareça muito, o consumo doméstico representa pouco mais de 15% do consumo total de água em um país como o Brasil. Sendo que o principal consumidor de água é o setor agropecuário. Assim, pensando em termos da pegada ecológica da água de uma pessoa, se consideramos apenas a água que uma pessoa consome diretamente, estamos deixando de lado uma parte significativa do impacto sobre os recursos hídricos que o consumo humano tem na natureza, pois praticamente todo o consumo de água no setor agropecuário será, em última instância, para o consumo humano.

Desse modo, ao tentar acompanhar a pegada ecológica da água, devemos pensar que, por exemplo, teríamos de considerar que o consumo de carne bovina envolve um volume significativo de água, pois para que um quilograma de carne bovina chegue à nossa mesa é necessário um volume aproximado de 16 mil litros de água (HOEKSTRA; HUNG; 2002). Isso porque teríamos consumo indireto de água para o plantio de grãos para a produção de ração; para o abate, processamento e limpeza das peças e cortes bovinos; e para o transporte e comercialização. Assim, somando toda a água consumida para que um quilograma de carne bovina chegue a nosso prato, há muito mais água que consumimos sem que nos demos conta. Esse conceito, resultante da ideia de pegada ecológica, especificamente para água, tem sido trabalhado por alguns autores como o conceito de água virtual (HOEKSTRA; HUNG, 2002; CHAPAGAIN; HOEKSTRA; SAVENIJE, 2005; OJIMA et al., 2008).

Considerando, portanto, esse volume de água "embutida" na produção de outros produtos, como a carne, por exemplo, a pegada ecológica de uma pessoa envolve muito mais água que aquela que é ingerida ou usada para sua higiene pessoal. Sendo esse consumo, inclusive, uma pequena parte da sua pegada ecológica, se consideramos que o consumo para produção de um quilograma de carne, seria o equivalente ao consumo direto de água por cerca de quatro meses para uma pessoa, em média. Claro, estamos somente considerando a água envolvida no seu consumo para produção de carne bovina, mas ainda devemos considerar outros alimentos, o uso do automóvel, seus bens pessoais, o descarte de embalagens e lixo. Tudo isso que faz parte do dia a dia de uma pessoa, exerce um determinado impacto ao ambiente. Somando todas essas cadeias e convertendo-as em uma unidade de medida comum, normalmente hectares, temos a medida da sua pegada ecológica.

Mas por que esse conceito ajuda a entender a relação população e ambiente? Como adiantamos, essa abordagem desloca o foco do debate do volume populacional e contribui para entender o peso diferencial que um modo de vida apresenta em relação a outro. Ou seja, é possível pensar em termos de dois países, com o mesmo volume populacional, mas, quando se leva em consideração a pegada ecológica de cada um deles, fica mais evidente que os dilemas ambientais pouco têm a ver com o tamanho da população, mas muito mais com o estilo de vida que cada uma dessas regiões possui.

Tais abordagens se tornam mais importantes, sobretudo, no debate sobre mudanças climáticas, em que a questão do padrão de emissões de gases de efeito estufa (GEE) atinge agora todos os países do mundo em torno de uma preocupação comum. Talvez nunca antes o debate ambiental tenha se dado de forma tão abrangente como agora, e as preocupações nunca tenham se internalizado dentro do debate cotidiano dessa forma. Como já discutimos no capítulo anterior, a preocupação ambiental se tornou uma questão que ultrapassa a dimensão dos aspectos naturais e passou a se tratar de uma questão social, econômica e política.

Nesse sentido, entender a pegada ecológica e o padrão de consumo que apresenta maior impacto ao aquecimento global passou a ser uma questão cada vez mais evidente e, embora ainda haja vozes dissonantes, há sinais de que o debate tende a se deslocar da relação crescimento populacional e degradação dos recursos naturais para uma perspectiva mais abrangente que incorpore, de fato, os desafios do padrão de vida moderno que estamos perseguindo. Esse padrão constitui um modo de vida urbano, pois já passamos a viver, hoje, em um mundo predominantemente centralizado nas cidades, onde a população apresenta tendências claras de estabilização do crescimento demográfico.

3.2 Cidades

Do ponto de vista da organização espacial da população, a vida nas cidades é um dos elementos mais evidentes. Quando ocorre a transição urbana, há uma reordenação das relações sociais à luz das contínuas entradas de conhecimento que afetam as ações de indivíduos e grupos de forma coletiva. De certa maneira, "a estrutura local não é simplesmente o que está na cena; a 'forma visível' do local oculta as relações distanciadas que determinam sua natureza" (GIDDENS, 1991, p. 27).

Os modelos de ação social estão cada vez mais entrelaçados e os processos e padrões que se desenvolvem em aglomerações urbano-metropolitanas reproduzem e assimilam contextos distanciados como os padrões de consumo globais. Um desses modelos é a disseminação de condomínios e loteamentos fechados, como forma de padrão de expansão urbana de baixa densidade que tem sido adotada em várias partes do mundo. O processo de globalização, nesse sentido, pode ser entendido como a generalização dos modelos e padrões de consumo distanciados de contextos locais que transforma o espaço e evidencia novas formas urbanas (BECK, 1992).

Esse processo de globalização trás consigo a generalização dos modelos e padrões de consumo transformando o espaço e, como sugere Lefebvre (1999), é a gestação de uma sociedade urbana, uma urbanização completa, em que o tecido urbano se prolifera, explodindo a grande cidade e dando lugar a "duvidosas excrescências: subúrbios, conjuntos residenciais ou complexos industriais, pequenos aglomerados satélites pouco diferentes de burgos urbanizados".

Assim, as vontades e padrões de consumo contemporâneos passam a ser urbanos. É preciso se dar conta, portanto, de "uma sociedade virtualmente urbana" (MONTE-MOR, 2006) em que as relações de consumo vão além da aparência urbana. Ou seja, o urbano se desenvolve com a dispersão do padrão de consumo e, nesse processo, as aglomerações urbano-metropolitanas que se consolidaram ao longo dos últimos anos do século XX apresentam uma condição social e espacial distinta, em que a região se destaca sobre as dimensões econômicas locais (OJIMA, 2007).

A ideia de dispersão urbana – que parece ser a radicalização do que já havíamos reconhecido no tecido urbano das metrópoles brasileiras como a expansão periférica dos polos tradicionais, principalmente por parte da população mais pobre em direção às áreas urbanas de menor valorização econômica – sob o paradigma da periferização urbana, assume novos contornos. Pois esse processo de expansão nas aglomerações urbanas inclui outras dimensões da vida social que não eram consideradas anteriormente. A cidade é, portanto, o espaço do consumo moderno. O local onde se expressam as principais transformações sociais e dos padrões de consumo.

Mas o que há de novo no processo de dispersão urbana contemporânea é a ocupação descontrolada de áreas cada vez maiores para ocupar um volume populacional cada vez menos intenso; ou seja, uma segunda etapa no processo de transição urbana em que as aglomerações urbanas têm apresentado um arrefecimento nas suas taxas de crescimento populacional. Áreas cada vez mais extensas do seu espaço foram ocupadas, não apenas pela expulsão das camadas sociais mais empobrecidas como forma de segregação socioespacial, mas também pela generalização dessa dispersão para todas as camadas sociais sob uma nova orientação dos padrões de consumo. Por exemplo, com novas formas de ocupação do espaço, na forma de condomínios e loteamentos fechados, ocupando áreas mais afastadas das áreas centrais (OJIMA; HOGAN, 2009).

Como já comentado anteriormente, essa é uma tendência que reflete os padrões sociais e culturais, mas que é, em parte, resultado de um novo padrão demográfico. A redução do tamanho médio das famílias e domicílios acaba por pressionar o sistema urbano, pois amplia a demanda por novos locais de moradia. Nesse sentido, aquelas cidades que passaram por ambas as transições (urbana e demográfica), passam hoje por um momento de acomodação dessa população dentro do tecido urbano. Essa acomodação tem sido impulsionada por esse processo de expansão urbana fragmentada e dispersa, ocupando mais espaço, apesar de ter um ritmo de crescimento demográfico reduzido. Assim, essa forma de ocupar o espaço poderia ser entendida como uma nova forma de consumo do espaço, a qual traz consigo uma demanda muito maior por recursos naturais e um impacto maior, considerando-se o uso extensivo do espaço. Sua forma orientada para o uso de transporte automotivo, sua demanda maior por abastecimento de água e serviços públicos, coloca novos desafios para a ocupação urbana e os aspectos ambientais nesses contextos.

Há uma discussão ampla entre especialistas sobre o modelo ideal de cidade, que emerge do centro dessa discussão. Hoje, a principal questão desse debate é a oposição entre **cidade dispersa** e **cidade compacta**. Além da preocupação com as áreas que são constantemente convertidas em especulação para novos empreendimentos, com o signo da última tendência imobiliária, enquanto prédios e casas residenciais bem servidas de infraestrutura padecem nas áreas mais antigas, não podemos esquecer o custo social de tantas pessoas viajarem tantas horas todos os dias para ir de casa para o trabalho.

Segundo relatório do IPCC (NAKICENOVIC; SWART, 2001), domicílios menores tendem a consumir muito mais energia. Em parte, essa evidência está associada a novos padrões de vida com uma ênfase maior em gastos com cultura, lazer e bens de consumo, em substituição a um número maior de filhos. Assim, a redução do ritmo de crescimento populacional e o consequente processo de envelhecimento da população teriam, pelo menos, dois resultados não esperados em termos dos seus impactos ambientais: um deles é a redução do número médio de pessoas por domicílio; e a outra seria a formação de domicílios com um perfil etário envelhecido.

Assim, em países que passaram rapidamente pela transição demográfica (como é o caso latino-americano), se, por um lado, temos a "janela de oportunidades", com grande parte da população em idade economicamente ativa, por outro, esse mesmo processo sugere um impacto ambiental maior, pois estruturas etárias mais envelhecidas, especialmente aquelas em idade economicamente ativa, tendem a ser mais intensivas em consumo do que aquelas sociedades com um peso maior da população jovem (MACKELLAR et al., 1995).

Um caso que talvez exemplifique essa relação é a tendência de aumento nos arranjos de famílias sem filhos, com casais de dupla renda (Double Income No Kids – Dink). As famílias Dink têm ganhado espaço dentro dos tipos de arranjo doméstico nos últimos anos no Brasil. Suas características diferem muito do contexto geral da população brasileira, pois possuem uma renda média até 70% superior aos demais grupos domésticos e são formadas por casais normalmente mais jovens (BARROS; ALVES; CAVENAGHI, 2008).

Embora não haja estudos mais detalhados do perfil de consumo efetivo desses arranjos, bem como de análises comparativas do padrão de consumo de domicílios menores em relação a outros, Barros, Alves e Cavenaghi (2008) apresentam resultados que confirmam essa hipótese. Os dados apresentados pelos autores indicam que os domicílios com casais Dink apresentam melhores condições de saneamento básico, maior número de cômodos e banheiro *per capita*, e ainda dispõem de maior número de bens e serviços.

Assim, no Brasil, embora ainda não haja consenso, o processo de urbanização apresenta sinais de mudanças importantes e significativas. O padrão de ocupação disperso já é expressivo e em virtude de suas características; a analogia com o padrão norte-americano é visível. Segundo Caldeira (2000), o surgimento de condomínios e loteamentos fechados faz parte de um novo padrão de segregação espacial e desigualdade social na cidade, substituindo, aos poucos, o padrão dicotômico centro–periferia (rico–pobre).

Mas não se trata apenas de uma tendência que abrange uma pequena parcela da população. Pois, apesar de ter inicialmente atendido aos interesses de famílias de alta renda, esse padrão, hoje, passa a representar um modelo de consumo difundido entre todas as camadas sociais. Ou seja, o mercado imobiliário já passa a direcionar investimentos para consumidores diversificados por meio de empreendimentos que vão desde 30 mil reais até 3 milhões de reais, só na Região Metropolitana de São Paulo (EMBRAESP, 2006). Assim, as regiões periféricas, distantes dos centros consolidados das aglomerações urbanas e que antes eram reservadas aos conjuntos habitacionais populares, passam a ser o sonho de consumo de uma variada parcela da população, traduzindo as aspirações de uma determinada qualidade de vida.

Se, como apontado por Baeninger (2004, p. 90), "as mudanças no paradigma da indústria [...] já revelaram o deslocamento do eixo explicativo da migração via industrialização", assim também se coloca a explicação da dinâmica demográfica dentro dos contextos urbanos. Portanto, se a esfera da "produção" perde cada vez mais seu caráter explicativo, por que não empreender esforços no sentido do "consumo" do espaço para entender as novas territorialidades que se constituem no processo de reestruturação urbana contemporâneo?

Se a urbanização se dispersa no território, ela ocupa áreas cada vez mais extensas e compromete cada vez mais o meio ambiente. Assim, a urbanização dispersa é um importante limitador para uma urbanização sustentável, pois embora seja criada em função de uma perspectiva de maior proximidade da qualidade de vida, essa dispersão consome os espaços com uma voracidade mais agressiva. Apesar de desejarmos viver em meio aos bosques e campos verdejantes, não deixamos de querer as facilidades que o ambiente urbano oferece, portanto buscamos nosso lugar ao sol sem que as consequências sejam calculadas para o conjunto da sociedade. Aqueles que possuem poder de decisão fogem dos riscos e perigos urbanos, sem calcular a possibilidade dos efeitos colaterais dessa fuga.

Talvez seja senso comum pensar que os grandes centros urbanos são os grandes responsáveis pelas mazelas da sociedade moderna, pois a poluição atmosférica, a criminalidade, a pobreza etc. são inerentemente percebidas nesses contextos. São também nessas áreas que a escassez de água, a contaminação do solo e rios, os problemas respiratórios associados à poluição atmosférica ou decorrentes da tensão entre homem e natureza se fazem mais evidentes. Para aqueles que consideram o fator populacional como o principal agente causador do impacto ambiental, as cidades são algo não natural em oposição às áreas rurais e de baixa densidade populacional e, portanto, justifica movimentos de contraurbanização em que os valores bucólicos do campo seriam uma solução aos problemas ambientais e sociais das cidades (NEWMAN, 2006).

Entretanto, essa polêmica anticidade não considera as reais causas dos problemas sociais e ecológicos, pois deixa de lado os responsáveis pelo uso excessivo de recursos e pela degradação ambiental, e falha ao não destacar as grandes vantagens (ou, pelo menos, potenciais vantagens) que as cidades oferecem para uma grande redução no uso de recursos (UNEP, 1996).

De fato, a cidade é o ponto de convergência da sociedade moderna, tanto dos problemas como de oportunidades significativas como a redução da pobreza, educação, promoção da saúde, equidade de gênero e a promoção do desenvolvimento sustentável (UNFPA, 2007). E talvez seja esse o grande fator atrativo que as cidades ainda exercem para a população. Afinal, algumas dessas oportunidades demandam economias de escala e densidade populacional para que se tornem viáveis tanto para o planejamento de políticas públicas como para o crescimento econômico.

Dentro do contexto internacional, há um debate que tem dividido especialistas, uns a favor de formas urbanas dispersas e outros que advogam pela sua compactação. No caso brasileiro, esse debate ainda é embrionário e tem se tornado mais evidente, sobretudo, nos anos mais recentes. Esse debate está colocado pela discussão nos planos diretores de desenvolvimento urbano e ainda por meio dos aspectos ambientais relacionados a essa discussão. Por conta disso, o debate ainda se vale de poucos estudos teóricos e empíricos que avaliem as vantagens e desvantagens para que as decisões possam ser tomadas e orientem as políticas públicas em torno de um padrão de consumo do espaço sustentável.

Os que defendem a urbanização dispersa salientam que não se pode privar as pessoas de buscar as suas aspirações, e se essas aspirações são residências maiores em áreas mais afastadas dos centros urbanos, não caberia ao poder público tomar essa decisão por elas. Em diversas partes do mundo, as pessoas estão procurando escapar do tráfego intenso, do crime e da ausência de espaços verdes, recriando suas "cidades" em áreas distantes dos centros consolidados. Defendem ainda que, ao produzir zoneamentos residenciais de baixa densidade, haveria maior contato com a natureza por se constituírem áreas mais arborizadas com menor concentração de problemas tipicamente urbanos.

Em termos dos custos sociais, alguns defensores da urbanização dispersa destacam que, ao expandir os núcleos residenciais para as fronteiras do perímetro urbano, normalmente desconectados da malha urbanizada central, o custo das habitações tende a ser inicialmente reduzido, produzindo efeitos positivos na medida em que amplia o acesso de uma parcela da população a condições de moradia de "melhor qualidade". O destaque negativo é que essa fragmentação cria "vazios urbanos" e amplia as demandas por serviços públicos, empurrando para mais longe a extensão de linhas de transmissão, rede de água e esgoto, sistema viário, escolas, segurança pública etc.

Entretanto, quando se pensa nas vantagens dessa fragmentação, aponta-se para o fato de que essa expansão, que demanda a ampliação da área de influência de serviços a serem oferecidos, não é em vão. Pois sempre surgem oportunidades de ocupar esses "vazios urbanos" pelo setor de serviços e de comércio que, muitas vezes, relutariam em se alocar em áreas periféricas da cidade. Assim, a dispersão urbana traria efeitos positivos em termos da ocupação territorial urbana na medida em que aqueceria o mercado imobiliário e potencializaria a polinucleação de atividades comerciais em uma região.

De modo geral, os pontos positivos em relação à dispersão urbana estão associados aos valores individuais, sobretudo pela abordagem da minimização da interferência do poder público nas decisões que deveriam ser dadas pela livre escolha individual. Assim, embora sejam reconhecidos os custos adicionais criados pela expansão e pela fragmentação do tecido urbano, justificam-se esses custos pela valorização e aquecimento do mercado imobiliário, além de atender às demandas da sociedade de consumo. Haveria, portanto, aumento de receitas e de indicadores sociais e econômicos. Fora o fato de que seria esse o padrão de habitação desejado pela maior parte da população.

Entretanto, por essas mesmas razões, particularmente no caso brasileiro, a valorização da terra em áreas afastadas dos centros urbanos agrava os conflitos sociais já existentes nas principais metrópoles. Isso porque se, em um momento, a população de baixa renda se viu pressionada a residir em áreas distantes dos centros urbanos na busca de áreas de subvalorização imobiliária, com a elevação do custo da terra nessas áreas antes "reservadas" para a população de baixa renda, agravam-se as clivagens sociais e criam-se novos conflitos em decorrência da segregação socioespacial distribuída ao longo de extensões maiores da cidade. Ou seja, a dicotomia centro–periferia/rico–pobre passa a assumir novos contornos dentro desse debate e os dilemas do planejamento urbano estão cada vez mais conectados com os desafios para as políticas públicas.

Em relação ao planejamento urbano, a defesa da cidade dispersa acaba ainda trazendo um efeito colateral não esperado, pois com a retirada do poder público da esfera de regulação e decisão do uso do solo, essa esfera passa a ser regida pelas forças de mercado. E essas irão buscar atender aos interesses individuais oferecendo como opção o padrão de consumo do espaço urbano da sociedade contemporânea. Uma sociedade em que a mobilidade, a fluidez e a velocidade escondem o medo e a insegurança de se viver nas cidades (OJIMA; MARANDOLA JR., 2009).

4 Espaço

Se consumo é a forma como relação população–ambiente tem sido entendida, do ponto de vista da interação entre esses polos, espaço é a principal porta de entrada do tema nos estudos demográficos e populacionais. Essa porta, no entanto, não é larga. É estreita e conduz a um estreito corredor.

Entre os componentes da dinâmica demográfica, a distribuição espacial é aquela que diz respeito, de forma mais direta, à relação população–ambiente. A distribuição espacial ocupa-se dos processos e da forma como a população se distribui no ecúmeno, suas características, mudanças e permanências. Quando uma população entra em processo de estabilidade (equilíbrio entre as taxas de natalidade e de mortalidade) a distribuição espacial (na forma de migrações) é o principal componente que pode alterar sua composição demográfica.

A tradição demográfica, embora tome a distribuição espacial como um dos eixos de sua reflexão, não a encara enquanto ator dos processos populacionais. O espaço costuma ser considerado apenas como localização ou área continente. Ele não é necessariamente visto de forma indissociável da população, o que não deixa de ser desconcertante, já que não há uma população sem um espaço. Toda população corresponde a um espaço específico. Quando muito, há uma rede de lugares específicos em que essa população vive. Não há como realizar tal dissociação sem eliminar do processo uma parte fundamental da compreensão do fenômeno.

Os estudos dos deslocamentos de população, de certa forma, fazem isso há muito tempo. É mais recente a incorporação mais clara do espaço na matriz causal e compreensiva dos processos de distribuição espacial. E muito se deve à entrada da temática ambiental nos estudos populacionais, a qual trouxe, de forma mais veemente e estrutural, a indissocialidade entre população e seu espaço.

Essa perspectiva vem tanto da ecologia humana, que influenciou significativamente os estudos populacionais, quanto dos estudos geográficos sobre riscos, perigos e vulnerabilidade. No primeiro caso, a ecologia enfatiza os fatores ambientais, do entorno espacial, para a compreensão de condutas e formas de habitar humanos (MORAN, 1990). Para toda população há um ambiente correspondente, e é nessa interação que a ecologia humana e os estudos de população e ambiente irão concentrar sua atenção.

No segundo caso, os estudos sobre riscos, perigos e vulnerabilidade, embora também tenham uma raiz na ecologia humana, construíram uma contribuição singular e duradoura que envolve os mecanismos de ajustamento e adaptação das populações às inconstâncias e incertezas do ambiente (MARANDOLA JR.; HOGAN, 2004; 2007b). Enfrentar eventos extremos, desastres e outros perigos faz parte da nossa história (McPHEE, 1990). A questão está na forma como esse enfrentamento ocorre, o que não é uma relação da seta causal de P → A, nem de A → P. O termo ajustamento, deixado hoje um pouco de lado, é fundamental porque revela o peso do ambiente nas ações humanas, o qual não é apenas passivo diante da intervenção humana, mas se impõe e participa ativamente da relação (BURTON; KATES; WHITE, 1978).

Essa preocupação trouxe novo fôlego à forma como o espaço poderia e deveria ser considerado. Ele tanto contém elementos que podem ajudar a lidar com os perigos, quanto pode ser o próprio produtor desses perigos. Pensar em termos de perigos e vulnerabilidade exige uma compreensão dos contextos escalares diferentes, já que a produção e a distribuição dos perigos não se dão em um único nível (MARANDOLA JR., 2009). Há riscos globais, planetários (BECK, 1992; 1999; CARAPINHEIRO, 2002) e há riscos e perigos do lugar, espacialmente circunscritos e que precisam ser pensados nessa escala para poderem ser enfrentados (HEWIIT; BURTON, 1971).

Mas há duas escalas privilegiadas para se pensar os perigos e problemas ambientais no que tange a relação população-ambiente: o da cidade e o da região. No primeiro caso, os mecanismos de produção de desigualdades nos espaços urbanos ultrapassou a dimensão social, promovendo uma sobreposição de riscos ambientais e sociais (TORRES, 2000). Não raro, as áreas mais pobres e com menos infraestrutura nas cidades são justamente as áreas com perigos ambientais e degradação. Essa "coincidência" tem sido investigada com constância, pois está na base de muitos conflitos pelo uso e ocupação do solo urbano.

Mercado imobiliário, expansão da cidade, gestão, zoneamento, políticas públicas e sociais, além do próprio uso e ocupação do solo, são as principais questões que, nos espaços urbanos, possuem claras interfaces população–ambiente as quais implicam na insustentabilidade e na queda da qualidade de vida. Com a concentração da população nas cidades, no entanto, elementos tradicionais da distribuição espacial da população ganham novos contornos, como a mobilidade (deslocamentos intraurbanos e intrarregionais cotidianos) e a migração. A intensidade, a variedade e as novas formas de deslocamento tornaram tais processos centrais para se compreender a relação população–ambiente nas aglomerações urbanas.

Por outro lado, a escala regional permanece central para se entender as dinâmicas agrárias e dos ecossistemas, bem como os conflitos entre campo, cidade e áreas protegidas. Capacidade de suporte e colapsos de ecossistemas são problemáticas de regiões específicas. Estas possuem sistemas produtivos, economias e relações hierárquicas que permitem a discussão sociedade–natureza em outra escala de inter-relações. Trocas migratórias intra e inter-regiões são fundamentais para compreender impactos ambientais e riscos, associados ou não a transformações na produção e uso do espaço.

A Figura 4.1 tenta sistematizar esses temas e escalas entorno do componente espacial da dinâmica demográfica. Como o gráfico sugere, os temas estão interconectados, com múltiplas influências. Relações trans e multiescalares tornam os processos e fenômenos mais complexos, exigindo atenção redobrada por parte do analista. Em termos de sustentabilidade, isso é mais crítico, já que a fonte de riscos pode estar em uma escala diferente daquela da ação pública ou da própria análise.

Uma terceira escala, no entanto, tem sido gradativamente acrescentada: a do planeta. No início da cruzada ambientalista, ela era mais abstrata do que efetiva. Era difícil conceber que a ação humana poderia repercutir em danos permanentes nessa escala. Até a ciência dispunha de poucos dados e capacidade para apreender a complexa dinâmica ambiental do sistema-terra. Contudo, parece que esse dia chegou, e especialmente a partir do final da década de 2000, com a divulgação e repercussão do 4º Relatório do IPCC, mais do que nunca, a humanidade se preocupa com a sustentabilidade do planeta, como um todo.

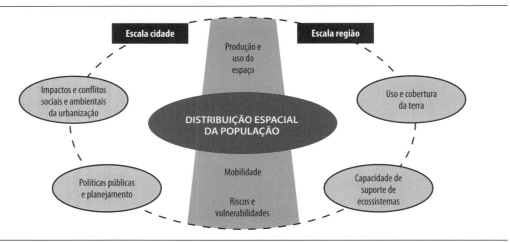

FIGURA 4.1 – Principais problemáticas e enfoques no estudo da relação População–Ambiente e suas escalas espaciais de ocorrência e análise.
Fonte: Marandola Jr. e Hogan (2007a).

Assim, apesar de ter aumentado a complexidade dos fatores considerados na relação população–ambiente, Martine (2007, p. 181) assevera que a questão-chave continua ainda sendo deixada de lado, justamente porque o espaço não foi devidamente enfatizado: "quais as vantagens de diferentes padrões de distribuição populacional para a sustentabilidade?".

Procurando desenvolver essa importante questão, refletimos sobre as implicações da forma de ocupação e distribuição espacial da população em três escalas, as quais são essenciais para a sustentabilidade na atualidade: a **região**, a **cidade** e o **planeta**.

4.1 Regiões e ecossistemas

A região é um dos princípios geográficos mais antigos. A ideia de região está associada à própria diferenciação das formas terrestres, ou seja, ela parte da constatação de que o planeta não é homogêneo em toda sua extensão (HARTSHORNE, 1939; LENCIONI, 2003). No entanto, ela também não é apenas diferença: há continuidades, unidades menores que às vezes se entendem por vastas áreas. Eis a **região**.

Região é, portanto, uma unidade espacial intermediária e mediadora por excelência. Está hierarquicamente colocada entre os lugares (unidades espaciais locais, menores) e espaços mais amplos, como os continentes, os países ou o próprio globo.

Em termos ambientais, regiões vêm sendo estudadas com frequência, especialmente em suas feições biológicas (ecossistemas) e hidrológicas (bacias hidrográficas). Embora tenha perdido um pouco da força nas últimas duas décadas, com as repercussões do processo de globalização (o qual reordenou a hierarquia dos lugares desprezando a região – conexão direta global–local), a região tem um papel central para a compreensão da relação população–ambiente.

Poucas dinâmicas ambientais possuem processos de gênese em escala micro, apresentando pouca abrangência. Por outro lado, escalas macro dificultam a apreensão cognitiva ou o estabelecimento de relações causais, em virtude de seu caráter abstrato. Assim, muitos dos sistemas ambientais e sociais possuem uma concretude muito evidente quando pensados em termos regionais, apresentando estruturas complexas, mas apreensíveis, as quais podem ser investigadas em profundidade.

Assim como a paisagem geográfica não é a mesma em todo o planeta, a diferenciação de áreas também é um princípio válido em termos ambientais. As mudanças induzidas, os impactos e os perigos não são distribuídos de forma homogênea, nem afetam todos os lugares e regiões da mesma maneira. Esses impactos e perigos variam tanto no tempo quanto no espaço, apresentando desafios à região (KASPERSON, et al., 1995).

A relação entre população, ambiente e desenvolvimento é compreendida melhor na escala regional. A sustentabilidade e a saúde ambiental estão ligadas diretamente à capacidade da região para distribuir recursos e população, absorver impactos e adaptar-se às mudanças ambientais.

Embora o recorte da bacia hidrográfica (HOGAN, 1991; 1993) e dos ecossistemas tenham sido reconhecidos como aqueles mais adequados para compreensão de sistemas ambientais, há uma dificuldade de obtenção de dados secundários com esses recortes. Como bem sabemos, os limites administrativos, base das coletas de dados institucionais, não possuem referência aos limites ambientais, gerando uma dificuldade inerente a todo esforço de integração de dinâmicas sociais às ambientais.

Se pensarmos no Brasil e suas grandes regiões: que sentido faz uma análise ambiental do Norte, Nordeste, Centro-Oeste, Sudeste e Sul? Quantos ecossistemas e regiões estão ocultos por essas divisões? Cada qual possui seus estereótipos, os quais servem para homogeneizar algo que é heterogêneo. O Cerrado do sul e do Amazonas ou a Mata Atlântica do Nordeste são percebidos como incongruências pelo nosso imaginário simplificador, produzido por essa falsa ideia de região definida pelos limites administrativos.

Mesmo economicamente ou culturalmente, tais áreas fronteiriças possuem permeabilidades e aproximações que não são rigidamente divididas pelas linhas imaginárias da política. Os ecossistemas ajudam a conformar regiões de forma clara, também em sentido cultural e, em alguns casos, até econômico.

A distribuição da população por essas regiões, em um país tão diverso como o Brasil, não ocorre homogeneamente. Da mesma forma, a relação da população com os recursos de cada região também é variada. Para podermos caracterizar essas diferenças, pensando em termos populacionais, procedemos à reorganização dos dados censitários de 1991 e 2000, de acordo com os grandes ecossistemas brasileiros. Isso nos permite comparar e analisar, do ponto de vista demográfico, a relação população–ambiente por essas grandes regiões, sem o inconveniente dos limites definidos politicamente.

Essa base de dados foi criada a partir das definições do IBGE-Ibama para os principais biomas do País[1] (Figura 4.2), sobrepondo-as com as

---

[1] O Ibama definiu as ecorregiões brasileiras em sete biomas principais, cinco dos quais receberão maior atenção neste capítulo. As ecorregiões são unidades biogeográficas com fronteiras naturais relativamente bem definidas, diferentemente das divisões biogeográficas alternativas que, baseadas na distribuição de espécies de algum grupo de organismo, apresentam fronteiras não muito claras. O principal critério utilizado

fronteiras georreferenciadas dos 5.507 municípios (em 2000), sendo cada município classificado como parte de um desses biomas. Considerando o grande número de municípios, o ajuste das fronteiras pode ser considerado razoável[2]. Uma aproximação mais refinada, usando como unidade os setores censitários, pode ser justificável em algumas situações, como, por exemplo, no estudo de efeitos de fronteira ou em áreas específicas de intensas transformações[3]. Entretanto, para uma visão geral das regiões, como pretendemos discutir aqui, esse recorte oferece uma unidade apropriada de observação.

A Tabela 4.1 mostra o total da população vivendo em cada um dos ecossistemas brasileiros, e as respectivas taxas de incremento populacional na década. A Mata Atlântica, que ocupa (ou ocupava) a primeira faixa de terra próxima à costa é o bioma mais populoso, representando mais de 60% da população total, embora com um pequeno decréscimo na década. Os biomas que o seguem, com menos de 10% cada um, são a Caatinga, o Cerrado e a Amazônia. A Figura 4.3 mostra esses dados na forma de taxa de crescimento anual.

O ritmo de crescimento dos biomas, no entanto, é bem diferente. A Amazônia possui a maior porcentagem de acréscimo na década, com um aumento de 27,8% no total da população, seguida pelo Cerrado (18,3%), os Ecótonos (17%), que são as zonas de transição entre biomas, e a Mata Atlântica (15%).

---

pelo Ibama para a definição das 78 ecorregiões do País foram abióticas (regiões interfluviais, altitude, relevo, solo, geologia, precipitarão, ciclos chuvosos, efeitos de marés) e bióticos (fitogeográfico e zoogeográfico, associados a grupos de mamíferos, pássaros, anfíbios, répteis e borboletas bem conhecidos).

[2] Claro que essa é uma avaliação relativa, pois o Estado de São Paulo possui 645 municípios em um território de 248 mil km², enquanto o Estado do Amazonas, com 1,5 milhões de km², possui apenas 62 municípios. Assim, a possibilidade de relacionar os fenômenos sociodemográficos e naturais é muito maior na primeira situação.

[3] A tese de doutorado de Humberto Alves, sobre o Vale do Ribeira, no Estado de São Paulo (último remanescente da Mata Atlântica), foi o primeiro estudo desse tipo no Brasil. Ele se utilizou também de imagens de satélite para examinar as relações população ambiente nessa área que é uma das mais ameaçadas e com uma das mais importantes biodiversidades do País (ALVES, 2003).

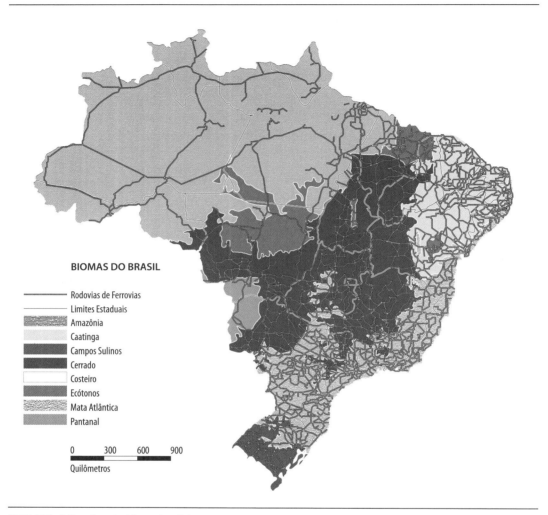

FIGURA 4.2 – Grandes biomas brasileiros.
Fonte: IBGE – Ibama.

TABELA 4.1 – População e taxa de crescimento dos biomas brasileiros (1991 e 2000)						
Bioma	1991	%	2000	%	% incremento do período
Amazônia	8.693.912	5,9	11.108.689	6,5	27,8
Caatinga	14.218.855	9,7	16.025.804	9,4	12,7
Campos do Sul	8.776.081	6,0	9.802.442	5,8	11,7
Cerrado	11.043.646	7,5	13.059.943	7,7	18,3
Costeiro	3.173.428	2,2	3.640.983	2,1	14,7

Espaço

| TABELA 4.1 – *Continuação* ||||||
Bioma	1991	%	2000	%	% incremento do período
Ecótonos	6.172.425	4,2	7.218.464	4,3	17,0
Mata Atlântica	94.315.009	64,2	108.451.907	63,9	15,0
Pantanal	432.120	0,3	488.215	0,3	13,0
Total	146.825.475	100,0	169.796.447	100,0	15,6

Fonte: IBGE. Censos demográficos 1991 e 2000. Tabulações especiais Nepo/Unicamp.

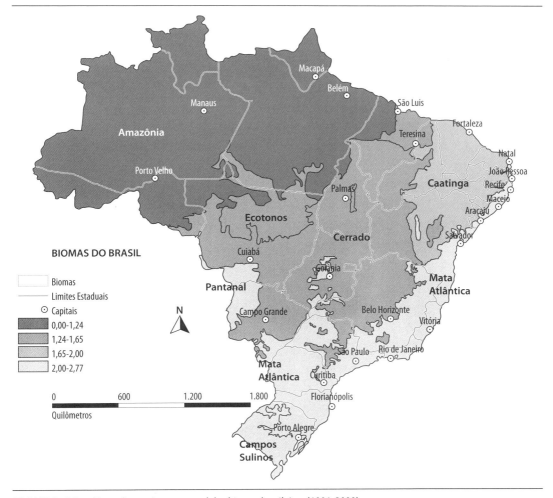

FIGURA 4.3 – Taxas de crescimento anual dos biomas brasileiros (1991-2000).
Fonte: IBGE. Censos demográficos 1991 e 2000. Tabulações especiais Nepo/Unicamp.

TABELA 4.2 – Área e densidade populacional dos biomas brasileiros (1991 e 2000)

Bioma	Área (km²)	Densidade hab./km² (1991)	Densidade hab./km² (2000)
Amazônia	3.293.761	2,64	3,37
Caatinga	677.687	20,98	23,65
Campos do Sul	257.470	34,09	38,07
Cerrado	1.598.065	6,91	8,17
Costeiro	11.902	266,64	305,93
Ecótonos	981.970	6,29	7,35
Mata Atlântica	1.493.020	63,17	72,64
Pantanal	218.649	1,98	2,23

Fonte: IBGE. Censos demográficos 1991 e 2000. Tabulações especiais Nepo/Unicamp.

Esses números absolutos, no entanto, precisam ser relativizados, tendo em vista que correspondem a áreas muito diferentes. A Tabela 4.2 mostra as áreas dos biomas e sua respectiva densidade demográfica. A maior densidade é do bioma Costeiro que, muito pequeno em área, concentra mais de três milhões de habitantes, com uma densidade em 2000 de mais de 300 habitantes por km². A Mata Atlântica é o segundo bioma em densidade, muito à frente ainda do Campos do Sul e da Caatinga. A Amazônia, com sua vasta área (mais de duas vezes o segundo bioma neste quesito, o Cerrado), possui uma baixíssima densidade demográfica, o que tem de ser levado em consideração quando o tema é população–ambiente (Figuras 4.3 e 4.4).

Em todos, a densidade é crescente, ainda com um claro reforço de áreas já consolidadas. As taxas de urbanização confirmam isso, mostrando que é nas cidades que esse crescimento tem ocorrido, especialmente a partir dos anos 2000 (Tabela 4.3). Os dados mostram uma elevada urbanização em todas as regiões, inclusive na Amazônia e no Cerrado. Em 2000, todas as regiões possuíam mais de 60% de sua população vivendo em áreas urbanas, tendência que se acentuou na última década. Se, por um lado, isso é um alívio, pois indica pouca atividade em fronteiras agrícolas, por outro, a intensificação e concentração crescente nas cidades gera um outro tipo de problemática ambiental, não necessariamente mais fácil de resolver, pelo fato de estar onde

Espaço

também está concentrada a infraestrutura e os recursos de diferentes naturezas (Figuras 4.5 e 4.6).

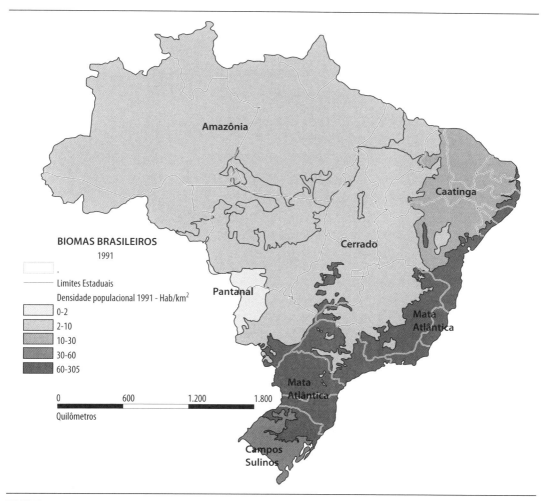

FIGURA 4.4 – Densidade populacional dos biomas brasileiros (1991).
Fonte: IBGE. Censos demográficos 1991 e 2000. Tabulações especiais Nepo/Unicamp.

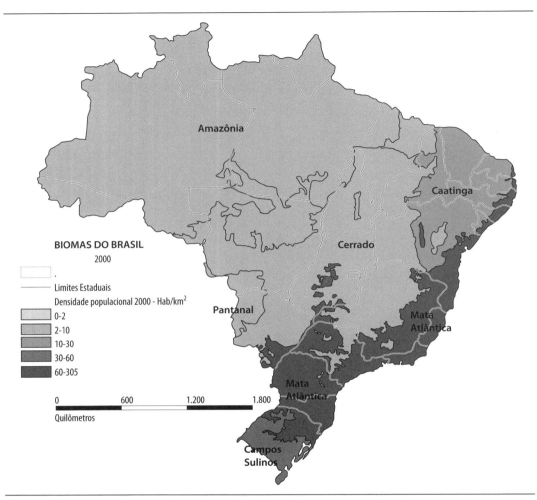

FIGURA 4.5 – Densidade populacional dos biomas brasileiros (2000).
Fonte: IBGE. Censos demográficos 1991 e 2000. Tabulações especiais Nepo/Unicamp.

Tabela 4.3 – Urbanização dos biomas brasileiros: porcentagem de população urbana (1991 e 2000)					
Bioma	1991	2000	Bioma	1991	2000
Amazônia	58,6	69,6	Costeiro	90,3	92,9
Caatinga	53,0	61,1	Ecótonos	48,0	62,7
Campos do Sul	77,5	82,2	Mata Atlântica	82,6	86,7
Cerrado	68,2	77,5	Pantanal	67,3	70,4

Fonte: IBGE. Censos demográficos 1991 e 2000. Tabulações especiais Nepo/Unicamp.

Espaço

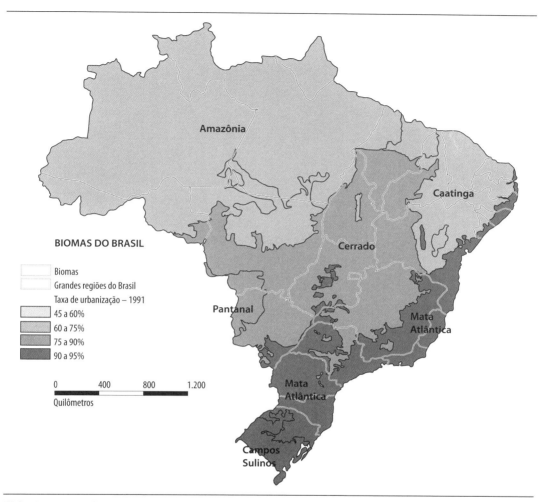

FIGURA 4.6 – Urbanização dos biomas brasileiros: porcentagem de população urbana (1991).
Fonte: IBGE. Censos demográficos 1991 e 2000. Tabulações especiais Nepo/Unicamp.

Os biomas Costeiro, Mata Atlântica e Campos do sul, como era de se esperar, apresentam os percentuais mais elevados (todos acima de 80% em 2000), enquanto a Caatinga e os Ecótonos apresentam os índices mais baixos. Tanto esse quanto os dados anteriores não apontam para um processo significativo, na década de 1991 a 2000, de redistribuição da população entre os biomas. Isso não significa que não tenha havido trocas e fluxos migratórios entre as regiões, mas o saldo, junto com o crescimento vegetativo, manteve a composição da população por biomas com a mesma distribuição relativa.

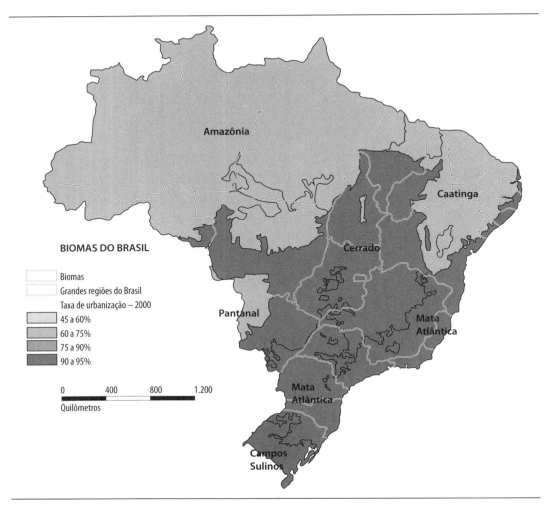

FIGURA 4.7 – Urbanização dos biomas brasileiros: porcentagem de população urbana ((2000)).
Fonte: IBGE. Censos demográficos 1991 e 2000. Tabulações especiais Nepo/Unicamp.

Mas como o período analisado é apenas de uma década, esses dados podem não evidenciar um processo em curso, que pode se consolidar mais adiante. Os dados a serem divulgados no próximo Censo Demográfico (em 2010) serão de grande valia para avançar nessa discussão.

A **floresta Amazônica** é o maior bioma brasileiro e tem uma área de 3.293.761 km². É a maior formação florestal brasileira com um clima úmido e vegetação de grande variedade, que vai de espécimes florestais a espécimes de savana nas áreas de baixas altitudes. Seu principal problema ambiental é o desmatamento, cuja origem está em incêndios provocados pela expansão de atividades agrícolas e pela exploração de madeira. Dados do Instituto Nacional de Pesquisas Espacial (Inpe) registraram entre 2000 e 2009, um desmatamento de 176,5 mil km².

Essa situação tem provocado preocupação, sendo considerada por parte da opinião internacional o maior dilema ambiental brasileiro. No entanto, a população amazônica de 11 milhões de habitantes em 2000 está concentrada nas cidades (70%) e não nas áreas de floresta. Consequentemente, a densidade populacional de 3,37 pessoas/km² é extremamente baixa. Por isso, é difícil concluir que a "pressão populacional" é a responsável pelas ameaças ambientais que a Amazônia brasileira enfrenta, considerando-se que a migração inter-regional, incluindo a migração de fronteira, estava diminuindo em 2000.

As principais causas do desmatamento têm sido identificadas e bem documentadas nos últimos 20 anos. E já se sabe que os principais responsáveis não são os pobres, com suas grandes famílias e seu desejo por terra, mas as intervenções econômicas em nome do ganho financeiro e da segurança nacional. A partir de uma perspectiva sustentável, a região amazônica, considerando-se sua importante biodiversidade, seus inúmeros grupos indígenas e solos, em geral pobres, não deveria ter o foco central no desenvolvimento econômico.

Grandes contingentes populacionais não vivem às custas da agricultura extensiva. Na realidade, no Estado do Amazonas, metade da população vive na capital Manaus, sustentada pelo enclave de indústrias de produtos eletrônicos formado pela Zona Franca e um crescente sistema de serviços. Esse é um arranjo com os dias contados e que revela as possibilidades limitadas para absorver a população em áreas com vastas florestas.

A equação população–ambiente na Amazônia brasileira não se encontra em estado crítico, mas tampouco pode ser vista como importante alternativa para a criação de assentamentos humanos. Fatores cruciais são projetos de desenvolvimento econômico de larga escala, como o planejado projeto governamental (depois arquivado) "Avança Brasil". As consequências ambientais de tais programas de desenvolvimento de infraesrtutura são desastrosas. Tendo em mente a biodiversidade e a capacidade limitada de suportar grandes contingentes de população, a sustentabilidade na região depende de uma baixa densidade populacional tal como acontece hoje. Sendo assim, não são políticas populacionais e sim políticas econômico-ecológicas que devem ser empregadas para atingir tal objetivo.

O **Cerrado** (concentrado nos Estados do Mato Grosso, Mato Grosso do Sul, Goiás e Distrito Federal) tem uma área de 1.598.065 km² e uma população de cerca de 13 milhões de habitantes em 2000. Embora a preocupação internacional sobre sua biodiversidade seja mais recente, o segundo maior ecossistema brasileiro é um recurso nacional de grande valor, e a região vem passando por um rápido desenvolvimento nas últimas três décadas.

Nesse período, a região passou de (1) uma área esparsamente povoada de agricultura de subsistência para (2) um destino migratório para aqueles em busca de terra, vindos de outras regiões, para (3) uma área de monocultura orientada para a exportação. Esse tem sido um rápido processo que coincide com a modernização da agricultura brasileira, em que o aumento da mecanização e de incentivos do governo contribuiu para a transformação de vastas extensões territoriais em áreas de produção de grãos (especialmente soja, mas também algodão milho e arroz) e criação de gado. Grandes expectativas foram colocadas na expansão do mercado mundial de soja e as vantagens comparativas do Brasil nesse campo.

Considerado como improdutivo para uso agrícola até 1970, quando foram introduzidos modernos métodos agrícolas, o Cerrado sempre foi pouco valorizado ambientalmente. O Cerrado, com clima quase totalmente tropical, é um complexo de diferentes formas de vegetação que tem variabilidade de fisionomias e de composições florais, formando um mosaico ecológico[4].

Especialmente desde a década de 1970, quando um sistema de manejo e tratamento do solo foi desenvolvido para aquela área (com atuação destacada da Embrapa), o Cerrado foi definitivamente incorporado na economia nacional e agora é visto por planejadores, investidores e fazendeiros como área não ocupada e disponível para uso como agrofloresta, criação de gado e produção de grãos em larga escala. O uso intensivo de maquinário e equipamentos agrícolas, fertilizantes, pes-

---

[4] O coração do Cerrado, porção mais contínua e considerada a mais característica, ocupa uma área 1.500.000 km² do Planalto Central brasileiro, nos estados de Goiás, Tocantins, Distrito Federal, Mato Grosso, Mato Grosso do Sul, parte de Minas Gerais, Bahia, e parte do Maranhão, Piauí e Rondônia. Porções não contínuas formando ilhas de cerrado são encontradas no Amazonas, Amapá, Roraima, Alagoas, Bahia, Ceará, Paraíba, Pernambuco, São Paulo e Paraná. Esse fato, adicionado às diferenças biológicas e políticas de definição de cerrado, levaram a uma variação nas estimativas da área total ocupada por esse bioma.

ticidas, herbicidas e espécies selecionadas transformaram a paisagem natural da região, frequentemente levando a uma devastação dos recursos naturais (e consequentemente à desertificação) e a contaminação dos alimentos, solos e da água.

A vegetação original foi bastante reduzida, sendo 37% dela convertida em pastos; plantação de cultivos anuais como soja, milho e arroz; e também plantações de vegetação perene como eucaliptos e pinus; tanto quanto o uso para fins urbanos como reservatórios, áreas urbanas e disposição de lixo. Em muitas áreas, a degradação ambiental já levou à diminuição da produção e a altos custos. Isso porque as atividades agrícolas raramente foram feitas levando em conta preocupações/questões ambientais. O resultado tem sido a compactação e erosão dos solos, e o empobrecimento da biodiversidade nativa.

Assim, as preocupações ambientais são relacionadas a três questões principais:

- **Biodiversidade**: o Cerrado é o hábitat de aproximadamente 420 espécies de árvores; 100.000 espécies diferentes de plantas; e 800 espécies de pássaros; e 40% das plantas herbáceas e 40% de suas abelhas são endêmicas. É a savana com maior biodiversidade do mundo, hábitat de ao menos 5% da flora do planeta. Um dos chamados *hotspots* da biodiversidade do mundo, o Cerrado é também um dos biomas mais ameaçados do mundo.

- **Sequestro de carbono:** Mesmo que ainda não tenha recebido muita atenção, a capacidade do Cerrado em armazenar carbono é imensa. E, apesar de não ter densas florestas, isso é compensado pelo grande espaço que ocupa e pela profundidade das raízes de sua vegetação que, formando uma "floresta no subsolo", faz uma contribuição global significativa para fixação de carbono (SAWYER, 2007).

- **Proteção de bacias:** as cabeceiras das três maiores bacias hidrográficas brasileiras e da América do Sul – o Amazonas, o Rio da Prata, e o Rio São Francisco – estão localizadas nessa região. Transformações de larga escala no uso da terra terão consequências continentais em termo de fornecimento e qualidade da água. Esse bioma também tem um papel importante em abrigar a biodiversidade em geral, já que as redes de rios formadas pelas bacias funcionam como corredores para fauna e para trocas genéticas.

A densidade populacional do Cerrado (8,17 pessoas/km^2), como na Amazônia, também é visivelmente baixa. Sua urbanização precoce (68% em 2000) é testemunha da importância das intensivas monoculturas de soja e algodão para geração de capital, e suas transformações ambientais. Em parte, essas populações urbanas são centros de suporte e provedores de mão de obra para atividades agrárias, incluindo a agroindústria. Mas essas cidades são também centros de desempregados e pobres subempregados, muitas vezes incapazes de sustentar suas famílias e pequenas propriedades por conta das monoculturas da região.

O Cerrado é a região cuja biodiversidade deve ser zelosamente defendida. Esse talvez não seja um bioma tão frágil quanto a Amazônia, porém, sua grande proximidade de centros urbanos sugere que as atividades econômicas podem ser conciliadas com proteção ambiental. Mas é preciso que haja grande sintonia na relação população–ambiente para identificar as regiões e as atividades econômicas nas quais a sustentabilidade poderá ser explorada. A agroindústria já começou a alterar o ritmo das atividades na região descentralizando a criação de postos de trabalho, mas também descentralizando a poluição ambiental.

De uma perspectiva social, econômica e demográfica, esse desenvolvimento até faz sentido. Porém, essas atividades devem ser acompanhadas por controle da poluição e tratamento de efluentes, e devem ser cuidadosamente localizadas nos limites do território daquela região. O equilíbrio população–ambiente não é crítico e o Cerrado ainda pode absorver população, mas muito mais planejamento econômico-ecológico será requerido para reverter os desafios colocados pelo desenvolvimento rápido e descontrolado de décadas recentes.

A **Caatinga**, região do semiárido brasileiro, é a segunda mais populosa, com uma população de 16 milhões em 2000. A vegetação é condicionada por seu clima seco que predomina durante o inverno e é renovado com as chuvas de verão. É composta por uma paisagem agressiva de espécies resistentes à seca, com ocasionais ilhas de umidade, onde é encontrada uma vegetação mais alta e solos mais férteis.

A Caatinga, enquanto ecorregião, não corresponde à região Nordeste, possuindo questões e aspectos distintos na relação população–ambiente dos encontrados na Zona da Mata, por exemplo, o que reforça a necessidade do olhar por ecossistemas para pensar a dimensão dos problemas ambientais e da sustentabilidade.

O maior problema ambiental da Caatinga é a desertificação, agravada pelo intenso uso de irrigação a partir de tecnologia inapropriada, pela contaminação das fontes de água disponíveis e pelo desmatamento para obter lenha e carvão. A população do Nordeste em 2000 era de 40 milhões (aqui incluída a área costeira). Essa população é uma herança da importância da região na produção de cana-de-açúcar. As áreas costeiras mais férteis que fazem parte da Mata Atlântica não suportarão a população da região por muito tempo. Além disso, agricultura de subsistência, nas áreas do interior do semiárido, é precária e o Nordeste brasileiro é um caso clássico de emigração. Preocupações sociais e pressões políticas das oligarquias tradicionais produziram uma impressionante enxurrada de projetos para manejo da água, tidos como necessários para permitir um modo de vida sustentável para agricultores familiares. No entanto, tais projetos situados numa área de 677.686 km^2, com uma densidade populacional de 23,65 pessoas/km^2 em 2000, geraram mais preocupações ambientais.

Os investimentos em projetos de manejo da água beneficiaram somente ricos proprietários, escandalosa permanência de uma prática política tradicional. Projetos como a escavação de poços profundos, que atingem reservas aquíferas não renováveis e a transposição do rio São Francisco, para a irrigação de áreas secas, são questionados por ambientalistas. A história de outras nações têm dado inúmeros exemplos (McPHEE, 1990) da futilidade de se tentar controlar a natureza, pois apenas na imaginação onipotente do homem é possível realizar todas as metas e valorações em todas as regiões.

A biodiversidade da Caatinga tem uma importância pouco reconhecida. Milhares de espécies se adaptaram a esse ambiente aparentemente hostil e não parecem estar aptas a sobreviver às transformações das fazendas irrigadas. A questão a ser debatida, como argumentou Celso Furtado muitos anos atrás, é como essa grande população pode viver de forma sustentável nessa região? Quedas nas taxas de natalidade podem frear a emigração, mas isso seria suficiente? De uma perspectiva sustentável não pode ser dado como certo que empregos úteis e produtivos podem ser oferecidos em larga escala nesse ambiente hostil. São necessários investimentos contínuos para reverter séculos de negligência e empobrecimento, mas também não se pode ter como certo que natureza possa ou deva ser dominada para esse fim.

A **Mata Atlântica** (cujas maiores porções estão no estado do Espírito Santo, do Rio de Janeiro, de São Paulo, do Paraná e de Santa Catarina, com um território de 1.493.019km^2) foi reduzida a 5% de sua extensão original. No Rio de Janeiro, por exemplo, 20% de seu território é coberto por florestas, comparados aos 97% originais, e em Minas Gerais a extensão da cobertura florestal declinou de 51,7% para 1,5% do território. Considerada em conjunto com a área costeira é a mais populosa região do Brasil, com uma população de 112 milhões de pessoas em 2000. A densidade populacional, porém, é aproximadamente cinco vezes mais alta na área costeira (305,9 pessoas/km^2) que na Mata Atlântica (72,6 pessoas/km^2). Essa é a região em que se desenvolveu uma "civilização caranguejo" (pela sua fixação na costa) brasileira.

Com exceção dos esforços de colonização tímidos e de curta duração na Amazônia, o desenvolvimento brasileiro só começou a deixar a costa em 1960, com a construção de Brasília. As duas regiões são altamente urbanizadas – 90% nas áreas costeiras e 83% na área da Mata Atlântica, e essa última é também o hábitat de uma rica biodiversidade. Sua vegetação é composta por densa floresta próxima ao oceano, menos densa nas encostas dos morros e com campos abertos nos topos dos morros

Sem dúvida, essa é a região em que o equilíbrio população–ambiente é mais precário. Duas das funções naturais, **oferecer recursos** e **fixar nutrientes**, foram visível e preocupantemente afetadas. Os pequenos remanescentes de Mata Atlântica foram os primeiros a receber medidas de proteção, movimento que continua atualmente. Mas, apesar desses esforços, a floresta continua a se reduzir a cada ano. Muitas das áreas intactas remanescentes estão na região costeira. Em seu interior, essas áreas foram quase totalmente substituídas pela agricultura ao longo dos séculos. Hoje, na costa, o crescimento populacional e da cultura do consumo tem gerado desenvolvimento turístico em larga escala. Esse desenvolvimento ameaça completar o que o isolamento e a falta de opções econômicas não fizeram, deixando a biodiversidade da Mata Atlântica mais comprometida que a da Amazônia.

É interessante notar também que os limites do ecossistema para absorver lixo também foram estendidos além dos limites de suporte do ambiente. Duas das maiores cidades do mundo (São Paulo e Rio de Janeiro), juntamente com outras cidades menores (mas ainda de grande porte), se espalham sobre solos ricos; desmatando suas áreas, degradando rios, lagos, baías e estuários, contaminando solos e aquíferos e saturando a capacidade local de absorver resíduos sólidos. O desenvolvimento econômico acelerado e o rápido crescimento populacional na segunda metade do século XX criaram efeitos ambientais indesejados que requerem muito tempo, planejamento e investimento para serem superados. E, em lugares como na Região Metropolitana de São Paulo, a degradação ambiental é tão severa, a pressão sobre os recursos é tão grande, o suprimento de água (por exemplo) é tão limitado, que medidas para remediar os danos simplesmente podem não se tornar adequadas nunca. Esses problemas são reflexos da interiorização do desenvolvimento e do crescimento populacional desde os anos 1970 no Estado de São Paulo.

Considerada a vasta infraestrutura social instalada (transportes, escolas, universidades e centros de pesquisa, oferecimento de serviços de saúde), a região de influência da Mata Atlântica continua a atender as necessidades de grande parte da população brasileira. No entanto, pequenas e médias cidades (como é o caso do Estado de São Paulo) podem oferecer melhores possibilidades de promoção da qualidade de vida – incluindo qualidade ambiental – que o objetivo central do desenvolvimento sustentável. Deve-se lembrar que os esforços iniciais para promover o crescimento de cidades médias – em geral, um esforço frustrado – foram atropelados no contexto do rápido crescimento populacional, especialmente da urbanização. Talvez, no contexto demográfico atual tais esforços de planejamento sejam mais viáveis.

Então, a região impactada da Mata Atlântica deve continuar a ser a morada de grande parte dos brasileiros. A redistribuição da atividade econômica (e da população), internamente, juntamente com a proteção ambiental, pode aliviar a pressão ambiental nessa região. Porém, pelas razões mencionadas aqui a redistribuição da população para outras regiões terá um papel menor em tornar o equilíbrio população–ambiente mais harmônico. Soluções sustentáveis devem ser encontradas pela própria região.

Os **Campos do Sul**, um pequeno, mas distinto ecossistema (257.470km^2), constituem uma região de terras elevadas, ou suavemente montanhosas, com áreas isoladas de floresta e planícies gramadas. Essa é uma área altamente urbanizada (82% em 2000), com uma população de quase 10 milhões de habitantes em 2000. Apesar de ser uma das regiões mais desenvolvidas e industrializadas, sua densidade populacional é relativamente baixa (38,07 pessoas/km^2). A agricultura familiar que predominou durante mais de um século (especialmente desde a imigração europeia no século XIX) começou a perder sua viabilidade nas últimas décadas do século XX.

Os emigrantes dessa região foram importantes contribuintes para os esforços de colonização do Centro-Oeste e da Amazônia. Consequentemente, a tais desdobramentos houve uma regeneração da cobertura vegetal nas últimas décadas na região. Considerando os recursos humanos nessa área (uma das mais escolarizadas populações do País) e a diminuta pressão sobre os recursos naturais, essa pode ser a região em que o equilíbrio população–ambiente pode ser mais facilmente alcançado. No entanto, não parece representar uma alternativa importante para a alta urbanização e densidade populacional do Nordeste e Sudeste.

O **Pantanal** é uma das áreas alagáveis mais significativas do mundo. Sua fauna diversa inclui muitos espécimes únicos e a preocupação com a preservação está no topo das agendas dos ambientalistas de hoje, mas as forças de transformação não são basicamente demográficas. A população do Pantanal (488.215) é pequena, urbanizada (70%) e parcamente distribuída. Embora seja a única região em que a população rural cresceu entre 1991 e 2000, esse crescimento foi apenas de 3.429 habitantes do total de 56.095. Sua densidade populacional em 2000 foi a menor do Brasil com 2,2 pessoas/km^2. Incrementos na atividade turística e propostas de desenvolvimento agrícola são as maiores preocupações. Um dos maiores problemas é a interrupção de rios que vêm do Cerrado e alimentam o Pantanal, provocando tanto poluição como assoreamento.

Essa breve descrição do equilíbrio população–ambiente revela a grande diversidade que caracteriza a relação entre o homem e a natureza no Brasil a partir de suas ecorregiões. Tal diversidade, não homogênea, se distribui sobre todo o território nacional. Características particulares dos recursos naturais e a história do crescimento econômico e populacional, que impactaram diferentes regiões em diferentes momentos, produziram uma situação na qual os três maiores ecossistemas ainda são claramente visíveis em termos demográficos e ambientais. Sintetizando as maiores diferenças que têm importantes consequências para o desenvolvimento sustentável, podemos enfatizar:

1. A Região Amazônica, ainda esparsamente povoada, concentra a maior parte de sua população nas cidades (70%). Em termos de diversidade biológica e cultural, nacional e planetária, essa é uma região em que o desenvolvimento deve ser cuidadosamente monitorado. Considerações ambientais devem ser o balizador das ações. Com o tempo, será reconhecido que o Brasil teve sorte de começar o desmatamento em tempos de consciência ambiental. Ainda há tempo para preservar, uma opção não disponível para muitos países. O Brasil terá no futuro uma das florestas tropicais mais preservadas do mundo. As vantagens de longo prazo se sobrepõem fartamente sobre os ganhos de curto prazo que a intensificação do desenvolvimento pode trazer. A concretização dessa situação favorável depende da manutenção de baixas densidades populacionais.

2. O Cerrado, bioma tipo savana, já intensivamente explorado para produção de grãos e criação de gado, é também importante em termos de biodiversidade e sequestro de carbono. Sendo esparsamente povoado (8,2 pessoas/km^2), mas altamente urbanizado (78%), o Cerrado oferece mais oportunidades para o desenvolvimento ambientalmente sustentável. O crescimento populacional não chegou a seus limites, mas deve-se tomar muito cuidado com a alocação das atividades econômicas.

3. A Mata Atlântica e a região costeira constituem nossos biomas mais complexos. Enquanto remanescentes intactos de vegetação primária devem ser cuidadosamente protegidos, grande parte da floresta foi perdida e a vocação econômico-ecológica da região foi, há muito, determinada. Nessa região, o maior desafio ambiental é a recuperação de áreas degradadas e a implementação de salvaguardas ambientais de longo prazo. Para os casos extremos, como a Região Metropolitana de São Paulo, a recuperação deverá vir acompanhada da desconcentração. Esse processo – já em andamento –, se acelerado, poderá contribuir para a sustentabilidade da região. Levando em conta as limitadas possibilidades de outras regiões, grande parte da desconcentração será direcionada para as pequenas cidades da região, mas a região deverá continuar a absorver contingentes populacionais da região do semiárido. A grande capacidade de resiliência natural permitiu – e continuará permitindo – grandes densidades populacionais.

4. A Caatinga, no semiárido, enfrenta enormes dificuldades – talvez insolúveis – num esforço de balancear a relação população–ambiente. Com sua herança de pobreza e alto crescimento populacional as soluções propostas podem não ser ambientalmente sustentáveis. O desenvolvimento sustentável pode requerer investimentos e criação de postos de trabalho para a população em áreas ambientalmente vulneráveis.

5. As savanas da região sul do Brasil oferecem possibilidades limitadas de absorção de população. Considerando-se sua população relativamente bem escolarizada e preparada e seus altos níveis de desenvolvimento, essa região – se o desenvolvimento for direcionado para os modernos setores industriais e de serviços – deve ser capaz de fixar sua atual população.

6. O Pantanal continua a ser uma região de população esparsa, situação que não se alterou na última década. Sua integridade ambiental é tanto sua maior herança natural como também sua base importante de desenvolvimento. Porém, o turismo deve ser monitorado de perto para evitar pressões insustentáveis sobre os recursos. A mobilização da população representada pelo turismo não é tão bem conhecida como os dados sobre população aqui apresentados, mas é, com certeza, um importante fator do desenvolvimento sustentável para a localidade.

A estrutura etária (Tabela 4.4) dessas regiões é consistente com as análises aqui apresentadas. Quedas na taxa de natalidade em todas as regiões se refletem em menores incrementos de população de 0-14 anos na população total. No entanto, entre regiões as diferenças são significativas. Altos percentuais nesse grupo etário refletem futuras pressões sobre os recursos e são encontradas na Amazônia, no Cerrado, no Pantanal, na Caatinga e em Ecótonos. E foram também a Amazônia e o Cerrado que experimentaram o maior crescimento relativo nos anos 1990 (Tabela 4.2). A rápida urbanização dessas regiões nos anos 1990 sugere que o intenso uso dos recursos naturais pode estar diminuindo. Já a baixa urbanização da Caatinga e dos Ecótonos (61% e 63% respectivamente) pode sinalizar para a importância de esforços de se promover o desenvolvimento sustentável nessas áreas.

Essas pequenas revisões das questões sobre população e ambiente nas maiores formações ecológicas do Brasil revelam a grande diversidade de situações do País, tanto quanto a grande gama de possibilidades abertas para se atingir um bom equilíbrio entre população e ambiente, comparado a outros países, tendo como perspectiva a escala regional. Porém, é tempo de começar a responder às difíceis perguntas sobre os padrões de assentamento populacional ao longo do tempo e sua sustentabilidade pelos séculos seguintes. O Brasil ainda tem um espaço de manobra. Otimizar qualidade de vida sugere que, quanto mais breve se alcançar um consenso sobre as "vocações ecológico-econômicas" das diferentes regiões, maiores as possibilidades de se chegar a esse ponto ótimo.

Tabela 4.4 – Estrutura etária dos biomas brasileiros (1991 e 2000) (%)

Bioma	0-14 1991	0-14 2000	15-64 1991	15-64 2000	65 ou mais 1991	65 ou mais 2000
Amazônia	42,8	37,6	54,3	58,9	3,0	3,6
Caatinga	39,7	33,8	54,8	59,9	5,5	6,3
Campos do Sul	29,9	26,0	64,2	66,8	5,9	7,2
Cerrado	38,2	32,1	58,1	63,3	3,7	4,6
Costeiro	34,1	28,7	61,3	65,8	4,6	5,5
Ecótonos	42,1	35,6	53,7	59,6	4,1	4,9
Mata Atlântica	32,8	27,8	62,2	66,1	5,0	6,1
Pantanal	38,2	32,5	57,8	62,4	4,1	5,1

Fonte: IBGE. Censos demográficos 1991 e 2000. Tabulações especiais Nepo/Unicamp.

As grandes regiões apresentadas aqui têm duas grandes qualidades. Primeiramente, muitas dessas regiões não são tão homogêneas quanto supõe sua classificação. Ecologistas têm identificado subcategorias em cada uma dessas áreas e elas podem ter (provavelmente) diferentes características demográficas. Esse é um dos cernes do problema regional. Em segundo lugar, fronteiras de transformação nas áreas de transição, conhecidos como Ecótonos, têm distintas propriedades ecológicas. Não analisadas neste texto, essas zonas contabilizam uma considerável população de 7.218.464 pessoas, mas uma baixa densidade de 7,35 pessoas/km^2. Nesses Ecótonos, uma mistura de condições naturais tem permitido uma combinação única e peculiar de plantas e espécimes animais, interagindo em frágil equilíbrio.

Esses indivíduos representam uma categoria residual, o que sugere uma análise mais detalhada no futuro. Nos dois casos, as consequências da presença humana – números, sua distribuição e sua atividade econômica – terão distintas consequências e, por isso, é necessário, com dados futuros, como os próximos censos demográficos, considerar esses aspectos à luz da dinâmica demográfica e ambiental recente da última década.

4.2 Aglomerações urbanas e mobilidade

Pensar a cidade como escala da relação população–ambiente é um recurso cognitivo que nos permite perceber a importância do ambiente urbano para pensar a sustentabilidade. Diferentemente das regiões, as cidades são artefatos completamente humanos. Nesse ambiente totalmente transformado e mediado por construções, significados e ambiências as mais diversas, há uma concentração de perigos que o tornam um espaço privilegiado para a reflexão ambiental contemporânea. Não é possível pensar em qualidade de vida ou sustentabilidade se não forem enfrentadas as grandes questões urbanas.

O que marca a cidade contemporânea, em termos populacionais, é sua crescente concentração, que ultrapassou a transição urbana e tem se afirmado em todo o mundo. O fenômeno das aglomerações urbanas tem se intensificado, não tendo enfraquecido com a dispersão. Ao contrário, a dispersão difundiu o modelo de aglomeração pelo território, tornando a metropolização do espaço uma forma de organização do urbano regionalmente (LENCIONI, 2003). Ao contrário do que se poderia esperar, as aglomerações urbanas tornaram-se comuns até entre cidades médias e pequenas, existindo hoje diferentes tamanhos de aglomerações ocupando níveis hierárquicos diferentes na rede urbana (OJIMA, 2007).

A ideia de cidade está na não mobilidade. Estar no grande centro, no urbano, sempre significou ter acesso: à cultura, à política, aos serviços, aos bens, à comodidade e ao consumo. Quando as cidades passam a ocupar áreas que ultrapassam a capacidade de locomover-se, é sinal que algo está mudando. Cada vez maiores, com concentrações populacionais que não param de aumentar, as cidades têm ocupado hoje áreas regionais, e o espaço de vida de muitos tem se organizado entre várias cidades (MARANDOLA Jr., 2008).

Segundo dados das Nações Unidas, estima-se que 41,95% da população do mundo viva em aglomerações maiores do que 750 mil habitantes (3.486.326 pessoas) em 2010. Estima-se que, em 2025, serão mais de 4,5 bilhões de pessoas, a metade da população mundial.

A concentração é ainda maior quando prestamos atenção nas maiores aglomerações. Segundo dados das Nações Unidas, as 30 maiores aglomerações em 2010 somam 405,99 milhões de habitantes (36,03% do total mundial), enquanto, em 1970, o ranking das 30 maiores aglomerações totalizava 196,17 milhões, apenas 29,30% da população mundial. A projeção para 2025 confirma a concentração, quando se esperam que essas cidades somem 478,96 milhões de habitantes, 37,60% do total da população.

A Figura 4.8 mostra a porcentagem de população urbana em cada país, além das maiores cidades. A distribuição espacial dessa população é bastante clara, apresentando uma forte concentração no extremo asiático e no subcontinente indiano (nas duas maiores concentrações populacionais do planeta), na Europa e na América do Norte. Outra diferenciação regional bastante significativa, em termos de aglomerações urbanas, são as taxas de urbanização de toda a América, que só se equipara à Europa ocidental. Na África, na Ásia e na Europa Oriental, as taxas de urbanização raramente passam de 75%.

Esse fenômeno, que não se restringe à forma urbana, mas tem relações diretas com as formas de comunicação e transporte, bem como com a reestruturação produtiva resultante da flexibilização (ASCHER, 1995; URRY, 2007), tem trazido a mobilidade para o centro do habitar urbano contemporâneo. O resultado é uma intensificação dos deslocamentos, tanto aqueles cotidianos para trabalho e estudo (a pendularidade) quanto mobilidades cotidianas para a execução de ações que, em geral, eram realizadas no entorno mais imediato da casa.

O fenômeno da hipermobilidade, que não é privilégio das grandes áreas metropolitanas dos países desenvolvidos, se generalizou de tal forma que observamos a formação de aglomerações em várias partes do País e do mundo, em todas as regiões. Por motivos diferentes, ricos e pobres possuem tempo de deslocamentos e distâncias percorridas cada vez maiores para ir trabalhar ou para satisfazer necessidades básicas do estar na cidade. A região se torna um espaço vivido, uma área interconectada por uma rede de lugares e localidades que interagem de forma orgânica, tal como uma cidade.

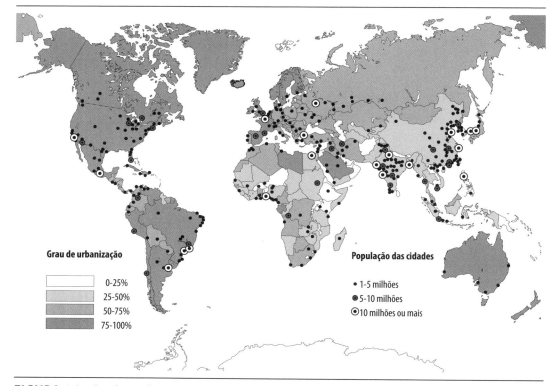

FIGURA 4.8 – População urbana e maiores cidades do mundo (2009)
Fonte: United Nations, Department of Economic and Social Affairs, Population Division: World Urbanization Prospects, the 2009 Revision. Nova York, 2010.

Voltamos à questão do ovo e da galinha: são os novos padrões de mobilidade que permitem que as cidades cresçam tanto, ou é o crescimento das cidades que originou tais padrões?

A história da humanidade pode ser vista, ao lado do desenvolvimento das técnicas, como um processo crescente de conhecimento do mundo e da mobilidade, num primeiro momento relacionada à dispersão, em direção ao que Pierre Lévy chamou de comunhão universal, que é o movimento de reencontro da humanidade enquanto espécie. Em seu livro *A conexão planetária*, o autor defende o "Manifesto dos Planetários", no qual aponta o sentido irreversível dessa comunhão. Trata-se de uma visão geral do processo de distribuição demográfica e das revoluções tecnológicas, perseguindo a ideia de humanidade.

Lévy (2001) coloca três momentos cruciais nesse processo. O primeiro é a dispersão a partir de um único ponto, rompendo com o convívio total de toda a humanidade. Rompe-se a ideia de unidade da espécie em virtude da distância e da fragmentação. O segundo momento é a primeira revolução, chamada pelos antropólogos de "revolução neolítica". É o advento das cidades, dos Estados, da agricultura e da escrita. Essa revolução provocou a fixação dos homens e sua densificação, aglutinando e complexificando a organização social, cultural e espacial dos coletivos humanos. O aumento demográfico não significava mais a dispersão, e as cidades passaram a prosperar.

O autor focaliza a ruptura gerada por essa revolução, que separou os sedentários dos nômades, os habitantes das cidades dos não habitantes. Além disso, gradativamente o modelo "revolucionário" tracionou para si o modelo antigo, resultando no que hoje vemos: o Estado nacional como padrão mundial de organização das sociedades e a maior parcela da população vivendo em cidades. Apesar dessa revolução não ter sido total (há povos nômades vivendo em algumas partes do mundo, bem como quase 50% da população que não mora em cidades), o sentido dessa revolução parece difícil de reverter.

O terceiro momento é o que Lévy chama de **revolução noológica**, trazendo a noção do abstrato, do imaterial, no foco da revolução vivida hoje. O autor proclama a reconexão da humanidade e a multiplicação dos planetários, ou seja, aqueles que vivem o mundo em sua unidade cognitiva. A principal característica desses planetários é a sua **mobilidade**, que é diferente do nomadismo. Lévy destaca que nunca a humanidade viajou tanto, migrou tanto, miscigenou-se em tamanha magnitude e esteve tão próxima de tudo.

Nessa perspectiva, as sociedades periféricas são aquelas que têm maior dificuldade de conexão interna e externa, enquanto os centros são aqueles espaços em que a conexão e a fluidez são mais acentuados, concentrando seus esforços no desenvolvimento e ampliação da inteligência coletiva. A ruptura dessa revolução ocorre entre os planetários (o centro) e os não planetários (a periferia), ou seja, os que têm condições de **mover-se**, **conectar-se** e os que não tem.

Isso produziu rebatimentos extensos nas cidades e na própria migração. Em meio a mobilidades pessoais (KELLERMAN, 2006), diásporas (HALL, 2009), e hipermobilidade (URRY, 2007), as metrópoles e aglomerações urbanas contemporâneas se vêm compostas por populações de todos os lugares, migrantes que trazem seus lugares para a cidade, com suas potencialidades e problemas. Essas pessoas acumulam lugares à medida que se mudam, estabelecendo espaços de vida bastante esgarçados e múltiplos, com padrões de mobilidade muito diversificados. Além do mais, a acessibilidade à mobilidade não é homogênea, atingindo parcelas da população de acordo com suas limitações e recursos, posição na região e proximidade dos meios de transporte (VASCONCELLOS, 2001).

A relação entre os fatores que historicamente afetam a mobilidade podem ter muitos outros viéses para além das questões espaciais (distância e proximidade). O tempo gasto para deslocar-se – conhecido como Orçamento de Tempo (OT) – é elemento fundamental para compreender a acessibilidade e a interação tempo–espaço no deslocamento. O OT expressa uma variedade de situações envolvidas nos deslocamentos diários em termos de tempo, espaço percorrido, tipo de transporte e as conexões possíveis. Além disso, ele pode expressar as diferenças sociais e demográficas. Se considerarmos apenas os indivíduos móveis, o OT não muda muito em relação à renda. No entanto, quando comparamos o OT de domicílio, a diferença entre mais pobres e mais ricos é muito significativa, pois os domicílios mais pobres têm um número maior de não móveis que os domicílios mais ricos.

Uma das possíveis formas de compreender essas diferenças está no investimento dedicado à moradia e ao transporte. As famílias de renda mais alta gastam mais tempo no deslocamento, percorrendo distâncias bem maiores, enquanto as famílias com menores rendas têm menos condições de escolha, limitando ao mínimo possível (dentro de suas condições) as viagens, não tendo condições (de tempo, renda, acessibilidade, situação familiar) de deslocar-se tanto quanto as classes mais altas (VASCONCELLOS, 2001).

Evidentemente, essa diferença também está calcada na apropriação diferenciada dos meios de comunicação e de transporte pelas populações, recursos esses que atuam no aumento da mobilidade e na diminuição do OT. Nesse sentido, as populações de renda mais alta tendem a conseguir escolher mais o local de moradia e trabalho, podendo assim optar por deslocamentos maiores em distância, sem que isso interfira de forma tão drástica na qualidade e no tempo do deslocamento.

O custo ambiental disso não está limitado às emissões de GEE, ou ao custo da ampliação da infraestrutura para que tantos carros possam se deslocar dos condomínios fechados pelas autoestradas duplicadas (e pedagiadas), tal como nos revela a disputa entre cidade dispersa e a cidade compacta. Os conflitos pelo uso do solo são algumas das faces mais problemáticas desse padrão espraiado das aglomerações urbanas pautadas na mobilidade. Isso porque a demanda por novos produtos no mercado imobiliário tem seguido a tendência de promover e oferecer qualidade de vida associada a uma vida próxima à natureza, o que tem sido promovido em áreas de mananciais, áreas de proteção permanente, fundos de vale, encostas e colinas etc. (COSTA, 2006). A associação entre urbanização, mercado imobiliário e natureza não tem sido de busca da sustentabilidade: antes, é por meio da coisificação de valores "verdes" que as aglomerações urbanas têm expandido suas áreas, incorporando-as à lógica do mercado urbano.

Por outro lado, a intensidade e a diversidade de usos do solo também potencializam perigos ambientais, principalmente ligados à saúde pública e a contaminações diversas (do ar, do solo, da água), além de aumentar a ocorrência e a vulnerabilidade a eventos extremos. Inundações, enxurradas, vendavais e outros perigos ambientais ou híbridos são potencializados pela forma urbana, pelo uso do solo ou pela simples falta de gestão e manejo dos riscos (MARANDOLA JR., HOGAN, 2007b). Nas cidades, os perigos são potencializados pela impermeabilização do solo, pela alteração na drenagem, pelos detritos e resíduos levados para os rios, pela poluição atmosférica, pela derrubada da mata ciliar e por tantas outras mudanças ambientais que tornam o ambiente urbano, do ponto de vista da população, uma ameaça.

Mas é nas cidades que muitos ainda depositam suas fichas (MARTINE, 2007; CHAMPION; HUGO, 2004; MARTINE et al., 2009). Como já mencionamos, o argumento é que as aglomerações apresentam mais potencialidades do que problemas, já que potencializam recursos, soluções, infraestrutura e conhecimento acumulado para resolver as tensões ambientais. Por outro lado, poupam espaço, que pode ser preservado e utilizado para outros fins.

O desafio é lidar com a vulnerabilidade que se sobrepõe pelas formas inadequadas de uso e ocupação do solo, principalmente às formas urbanas que não consideram os ritmos e dinâmicas ambientais, fruto da maior parte dos desastres e perigos urbanos. Por outro lado, não resta dúvida que é na escala da cidade que as tensões e conflitos da relação população–ambiente atingem as pessoas de forma mais direta, e por isso ela merece um capítulo e uma atenção à parte em qualquer projeto que vise a sustentabilidade. A conquista de qualidade de vida e vida com qualidade passa, sem dúvida, pela criação de ambientes urbanos sustentáveis e resilientes.

4.3 Mudanças ambientais globais

A preocupação com a escala planetária não é nova. Desde o mapa de Mercator, que com sua projeção matemática do mapa-múndi em primeira mão deixou o mundo humano com o mesmo tamanho do planeta (SANTOS, 2002), temos cosmovisões que projetam a totalidade do globo. Estas cosmovisões tornaram o planeta cada vez menor à medida que o conhecimento e a demanda por transformar natureza em recursos revelaram a finitude da água, do ar, do solo, da fauna e da flora. Mais significativa, no entanto, foi a tomada de consciência da capacidade humana de efetivamente extinguir completamente a vida no planeta.

O holocausto nuclear foi o pesadelo de toda uma geração. Desde a Segunda Grande Guerra, parecia haver um consenso inconsciente/consciente no Ocidente de que, se a Guerra Fria esquentasse, não haveria futuro. Talvez por isso mesmo, desde então, o sentido de urgência e a lei de aproveitar o "hoje" tenha se estabelecido tão fortemente: ninguém sabe até quando vamos durar.

O excesso de poder do homem, oriundo da tecnologia, ultrapassou uma linha importante com a detonação das bombas atômicas no Japão, em 1945. Desde então, a consciência e o peso desse excesso de poder têm imposto novas reflexões sobre a ética ambiental e a ação, que orientem, por outros princípios, o uso da tecnologia (CHANGEUX, 1999; ZANCANARO, 2000). O princípio responsabilidade, de Hans Jonas, e o princípio da precaução são alguns desses novos parâmetros éticos para uma sociedade em busca da sustentabilidade.

A busca por uma ética ambiental acompanhou o desenvolvimento tecnológico e a história dos desastres (ROLSTON III, 1988; NASH, 1989), mas a precede também. Filósofos como René Dubois já alertavam para a necessidade de uma perspectiva planetária para pensar o ambiente e os impactos da ação humana (DUBOIS, 1980). Fritjof Capra, a partir dos anos 1970, rodou o mundo difundindo ideias, oriundas da física, que estabeleciam uma visão de mundo associada a um único sistema, complemente interligado e interdependente, tanto no nível microscópico quanto no macroscópico, estendendo-se essa teia da vida por todo o planeta (CAPRA, 2001).

Há uma verdadeira revolução sobre a visão do mundo físico ao longo do século XX, com várias teorias e descobertas que vão contribuindo para ampliar nossa perspectiva sobre a natureza das coisas (PRIGOGINE; STENGERS, 1984). Dentre essas teorias, certamente as mais influentes são a **teoria dos sistemas**, oriunda das ciências "duras", e a **teoria da complexidade**, uma derivação para as ciências sociais. Juntas, essas teorias contribuíram, de forma decisiva, para que a escala planetária fosse incorporada como fundamental na discussão da sustentabilidade.

Ambas não aceitam as divisões ou separações artificiais do mundo humano, demonstrando que, no mundo físico e biológico, o planeta funciona como um único sistema complexo e vivo. A hipótese ou teoria Gaia é uma das derivações mais conhecidas desse princípio (LOVELOCK, 2007).

Se o medo nuclear arrefeceu, com a dissolução do bloco socialista e da própria União Soviética, ele já tem inquilino novo, derivado dessas concepções holísticas: o colapso ambiental. A década de 1990 foi declarada pelas Nações Unidas como a década de combate aos desastres e a única coisa de mais duradoura que conseguimos foi inserir a preocupação com os perigos e desastres ambientais na ordem do dia.

Mas não é para menos. Nos últimos 20 anos, o número de desastres ambientais aumentou, sem falar de sua intensidade e nos danos e perdas, humanas e materiais. Segundo dados do EM-DAT (The OFDA/CRED International Disaster Database), no período de 1900 a 2009 foram registrados 18.404 desastres, com um total de pessoas atingidas estimado em 6,3 bilhões. Os dados envolvem desastres complexos, secas, terremotos, epidemias, extremos de temperatura, inundações, acidentes industriais, infestação de insetos, movimentos gravitacionais de massa, acidentes mistos, tempestades, acidentes de transportes, erupções vulcânicas, incêndios florestais. Os desastres ambientais com maior número de vítimas, no acumulado destes 110 anos, são as inundações/enchentes (3,1 bilhões), as secas (2 bilhões) e as tempestades (858 milhões)[5].

Os dados mostram a intensificação dos desastres a partir de 1980, com o início da ascendente nos anos 1960. Esse aumento não possui

---

[5] Para detalhes sobre a metodologia, acesse: <http://www.emdat.be/explanatory-notes>.

alguns viéses de coleta de dados (nos primeiros 50 anos as informações possuem mais lacunas) e da própria ocupação das áreas do mundo. No entanto, o crescimento populacional, por expor mais pessoas aos desastres ou por pressionar o ambiente, não é a explicação para o aumento dos desastres.

A Figura 4.9 mostra os dados referentes a população e desastres ambientais para o período entre 2000 e 2010. O que vemos é um crescimento da população, formando uma curva que ganha maior inclinação de forma gradativa durante as décadas. A curva dos desastres, no entanto, possui uma clara alteração da ascendente nos anos 1980, refletindo as alterações na relação população–ambiente–desenvolvimento dos anos 1970, frequentemente apontada como um período de profundas alterações no sistema produtivo mundial (HARVEY, 1992; SOJA, 1993). São anos de reestruturação produtiva (nova etapa da industrialização), intensificação da urbanização, revolução verde na agricultura, novas explorações de reservas minerais e vegetais e as revoluções tecnológicas em comunicação, transporte e informática. As repercussões, que atingiram todos os campos da vida social, redefiniram, evidentemente, a forma de apropriação e uso do espaço.

Esses e tantos outros processos alteraram rapidamente a forma de relação com o ambiente, intensificando processos anteriores e produzindo novos riscos, muitos deles ainda não conhecidos ou mesmo sem elementos para se poder avaliá-los sobre qualquer base. É o que os sociólogos passaram a chamar de **sociedade de risco**: uma sociedade que produz e distribui riscos na escala global, de forma desencaixada dos processos locais, estabelecendo um novo parâmetro para se pensar os riscos, perigos e desastres ambientais (BECK, 1992; 1999; GIDDENS, 1991; 2002).

O ápice dessa história recente é, sem dúvida, a divulgação e aceitação pública das origens humanas da mudança climática. O marco institucional foi a divulgação do AR-4, que colocou 2007 na história ambientalista. A atenção e a repercussão que foi dada à informação, divulgada pelo IPCC, de que hoje o conhecimento científico acumulado permitia afirmar que há mais de 90% de certeza de que o aquecimento global possui raízes antropogênicas colocou, repentinamente, um campo de estudos limitado de especialistas da ciência do clima, biólogos e ecólogos, no centro da ciência e da mídia mundial.

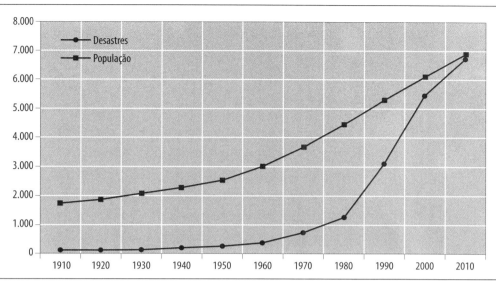

FIGURA 4.9 – População mundial (em milhares) e número de desastres ambientais, 1900 a 2010.
Fontes: Informações sobre desastres : EM-DAT: The OFDA/CRED International Disaster Database. Disponível em: <http://www.emdat.be>. – Université Catholique de Louvain – Bruxelas, Bélgica. População: 1900-1950: United Nations, 1999, The World at Six Billion, Table 1, "World Population From" Year 0 to Stabilization. Disponível em: <http://www.un.org/esa/population/publications/sixbillion/sixbilpart1.pdf>. 1950 em diante: Population Division of the Department of Economic and Social Affairs of the United Nations Secretariat, World Population Prospects: The 2008 Revision. Disponível em: <http://esa.un.org/unpp>.

Os últimos três anos têm mostrado que todo o barulho não foi em vão. Programas de pesquisa foram criados no mundo todo (como os brasileiros Programa Fapesp de Pesquisa sobre Mudanças Climáticas Globais – PFPMCG –, a Rede Brasileira de Pesquisa em Mudança Climática, Rede Clima, do Ministério da Ciência e Tecnologia e o Instituto Nacional de Ciência e Tecnologia (INCT) para Mudanças Climáticas, do CNPq); recursos têm sido disponibilizados e estruturas têm sido montadas para que a ciência (agora incorporando todo seu conjunto) possa dar respostas a essa problemática em escala inédita de enfrentamento: o planeta.

Os estudos populacionais estão no centro do debate desde cedo, embora ainda careçam de uma inserção mais propriamente demográfica, indo além da pressão do número populacional sobre os recursos (MARANDOLA JR.; HOGAN, 2007). Na verdade, a Demografia está acostumada a pensar em termos de grandes números, e por isso para ela discutir a população no mundo não é uma novidade. A maior dificuldade, certamente, é pensar essa escala de forma espacial e temporal de forma integrada. Pensar o planeta enquanto escala traz um novo desafio que precisa ser enfrentado de forma espaço-temporal, de forma integrada por excelência.

5 Tempo–espaço

Duração é o entendimento de tempo embutido na noção de sustentabilidade. Tanto em seu uso nas ciências econômicas (desenvolvimento sustentado) quanto nas ciências ambientais, sustentabilidade implica a permanência, a continuidade, a garantia do futuro.

No entanto, essa ideia de duração é um pouco vaga, imprecisa. Não é a duração de Bergson (2006), a constante mudança, ou o entendimento que a deu Braudell (1969): uma dialética evento/estrutura. Há, na verdade, uma polifonia desconcertante sobre o tempo na discussão sobre sustentabilidade. Ora o tempo é o momento, o evento das catástrofes e dos desastres, ora é o tempo estrutural do sistema capitalista que produz e distribui desigualdades. É necessário incorporar uma noção mais clara de um tempo longo, que pense a duração de forma integrada às estruturas e aos eventos.

Esse tempo longo aparece na forma da preocupação com o futuro. Salah El Serafy lembra que as duas ideias centrais contidas no famoso relatório Brundtland, expressão e modelo da preocupação e busca por sustentabilidade: **necessidades** e **limitações** (Serafy, 1992). A primeira expressa prioridades e direitos essenciais, enquanto a segunda expressa um clamor ético diante do modelo de desenvolvimento. Esse limite não é visto no presente, mas sempre no futuro, e por isso ele é tão difícil de ser trazido para as ações cotidianas atuais.

O papel da temporalidade nos estudos ambientais, embora ainda careça de um aprofundamento, reverbera em diferentes níveis e problemáticas. Por outro lado, quando trajetórias consolidadas revelam perigos iminentes ou danos irreversíveis, **mitigação** e **adaptação** são ações de curto, médio e longo prazo que visam o ajustamento da trajetória e a retomada da **sustentabilidade**.

Em todos esses casos, é um pensamento no futuro, com uma certa densidade histórica e a capacidade de alicerçar ações no presente que farão a diferença para a possibilidade de conseguirmos encontrar ou não um equilíbrio que garanta um ambiente e uma vida mais saudável.

5.1 Mitigação, adaptação e planejamento

Com o debate crescente relativo às mudanças climáticas, um dos principais focos das políticas e de discussões é o controle de emissões de GEE. Essa questão constitui um dos debates mais desafiadores, mas, apesar de necessário para mitigar os impactos da ação humana sobre o clima da Terra, estudar e analisar os inventários de emissões de GEE não pode ser a única iniciativa a ser tomada. Segundo o 4º Relatório do IPCC, há um grau de certeza alto nas previsões de impactos futuros que já merecem ser motivo de preocupação tanto por parte da sociedade civil, mas, sobretudo, na formulação de políticas de adaptação nas regiões e contextos considerados mais vulneráveis.

Assim, embora a agenda das mudanças climáticas tenha entrado definitivamente nas pautas de discussão tanto da comunidade científica, como dos governos e da sociedade civil, nem todos os aspectos têm sido tratados com a mesma atenção. Por um lado, a necessidade de ações de mitigação em relação às emissões de GEE já faz parte dos discursos de médio e longo prazo, e a necessidade de conhecer melhor as causas e as fontes das emissões é um desafio enorme, tanto do ponto de vista científico como do ponto de vista de se adotar medidas que reduzam essas emissões.

Por outro lado, ainda há um vasto conjunto de dificuldades, incertezas e conflitos econômicos, sociais e políticos para efetiva integração dessas preocupações com a adaptação necessária para o enfrentamento dos impactos que essas mudanças no clima terão sobre a população. Em parte, isso decorre do fato de que a maior vulnerabilidade às mudanças climáticas estará nos países pobres e em desenvolvimento, e, nesses locais, atingirão especialmente as populações de baixa renda (IPCC, 2007; HUQ et al., 2007).

De fato, a centralização no debate em torno das medidas de mitigação (como a redução das emissões de GEE) é, de certa maneira, uma discussão que não coloca o principal dilema em xeque. Reduzir essas emissões não é tarefa simples, pois toca em questões de decisão individual, especialmente na questão do padrão de consumo, e essas mudanças de hábitos não ocorrem em um prazo curto de tempo. É necessária uma mudança cultural importante, mas que esteja vinculada a fatores que a viabilizem. Mas, por outro lado, mesmo que as emissões de GEE atingissem uma meta muito ambiciosa (emissões equivalentes ao ano de 2000), a inércia das transformações ambientais derivadas de emissões passadas iria causar, considerando apenas a elevação da temperatura como exemplo, um aumento de 0,6 °C até o final do século XXI em relação ao período 1980-1999 (IPCC, 2007).

Considerando, então, que mudanças no clima irão ocorrer independentemente de medidas de mitigação, muito pouco tem sido feito em relação à adaptação. Assim, a adaptação aos cenários futuros de clima é um dos aspectos mais importantes, porque, mesmo em contextos de alta capacidade adaptativa, isso não se traduz automaticamente em ações que diminuam a vulnerabilidade (ADGER et al., 2007). As limitações podem ser decorrentes da incapacidade dos sistemas naturais para se adaptarem ao ritmo ou a magnitude das mudanças climáticas, ou ainda decorrentes das restrições de ordem tecnológica, financeira, comportamental, social ou cultural.

Os sistemas urbanos estão entre os espaços mais evidentes da necessidade de adaptação e também os locais com maior dificuldade para se agir, pois estes possuem um passivo de investimentos de longo prazo que, nos países em desenvolvimento, se torna muito mais socialmente complexo. De certa forma, somado as carências, desigualdades e desafios seculares já amplamente debatidos conhecidos, os cenários de mudança do clima podem colocar em xeque todos os investimentos e avanços que estão sendo realizados para minimizar essas questões, sobretudo, na América Latina, onde o processo de transição urbana se deu de maneira precoce, se comparado com as demais regiões em desenvolvimento.

Os investimentos de médio e longo prazo, em setores como o saneamento básico, deveriam levar em conta as projeções de clima e das tendências populacionais para que os investimentos possam ser otimizados. No Brasil, segundo os dados da Pesquisa Nacional de Saneamento Básico (PNSB) (IBGE, 2010), embora o abastecimento de água seja uma questão praticamente resolvida em grande parte dos municípios brasileiros, a coleta e, principalmente, o tratamento de esgoto sanitário ainda é um problema muito sério no País. Para se ter uma ideia, em 2008, 55% dos municípios brasileiros não têm coleta de esgoto e, dos que possuem, esses valores não consideram a qualidade, a extensão ou o número de ligações em cada um dos municípios; ou seja, é muito provável que dos 45% que possuem coleta de esgoto, essa coleta não abranja todo o município.

Assim, com as projeções de mudanças no volume e intensidade das chuvas, muitos municípios passarão a enfrentar desafios para o planejamento e expansão dos seus serviços de abastecimento de água, bem como de coleta e tratamento de esgoto. Esses serviços estão altamente relacionados entre si e dependem, em grande medida, da vazão dos rios, da distribuição das chuvas ao longo do ano, entre outros fatores ambientais. No Brasil, 52% dos municípios com rede coletora têm os rios como corpo receptor do esgoto sanitário sem tratamento (IBGE, 2010), portanto, há como se pensar que com mudanças no clima e, consequentemente, no regime de muitos rios, medidas de adaptação deverão incorporar mais do que apenas a ampliação do atendimento e cobertura da rede de coleta esgotos, mas considerar mudanças no contexto ambiental que possam inviabilizar que esse serviço se mantenha por muito tempo e com qualidade.

Essa situação se agrava nos municípios litorâneos, onde ainda há o componente da elevação do nível médio do mar que iria impactar o sistema de afastamento do esgoto doméstico que, normalmente, é feito por emissários submarinos também sem nenhum tipo de tratamento; comprometendo algumas atividades econômicas, como o turismo, por exemplo.

Em relação ao sistema de drenagem das chuvas os impactos são semelhantes. A impermeabilização do solo é um dos fatores mais problemáticos em relação aos impactos e consequências da urbanização. A expansão urbana, ao longo dos anos, tem aumentado significativamente as áreas impermeabilizadas dentro do tecido urbano e essa situação contribui para agravar os problemas de drenagem urbana. Assim, o agravamento dos impactos causados pela impermeabilização deverá ser sentido por todos, pois compromete todo um contexto urbano tanto no que se refere ao trânsito, como à moradia, ao saneamento e à economia.

Na avaliação da PNSB, o sistema de drenagem urbano existe em 100% dos municípios com mais de 300 mil habitantes, e, embora seja nas grandes cidades que os problemas relacionados à acumulação de águas e transbordamento dos cursos d'água, inundações, erosão e assoreamento ocorrem com maior frequência, são as cidades menores que carecem de sistemas adequados para enfrentar as projeções de agravamento dos eventos de extremo climático. Ou seja, com o potencial aumento da intensidade dos fenômenos naturais, as cidades de menor porte serão aquelas com menor capacidade adaptativa, em virtude também de sua capacidade limitada para efetuar investimentos mais significativos.

Deve-se ter em vista que medidas de adaptação das atividades humanas frente a variações e impactos provenientes de fatores climáticos não constituem um processo efetivamente novo. De fato, a adaptação que é necessária agora constitui um processo de longo prazo que incorpore as mudanças ambientais com alguma previsibilidade. Adger et al. (2007) mencionam casos em que essas medidas antecipatórias já vêm sendo praticadas. Um dos exemplos é o caso da construção da Ponte da Confederação, no Canadá. A ponte liga a Ilha de Prince Edward ao continente por uma extensão de 13 Km, com uma passagem de navegação com 50 metros de altura. Como se trata de um investimento de longo prazo e, reconhecendo a possibilidade de elevação média no nível do oceano, o projeto considerou um metro além do que é necessário nos dias atuais para a passagem de um navio sob a ponte.

Pode parecer uma medida pouco significativa, mas imagine o custo de investimento perdido, caso a ponte se torne obsoleta em menos de 50 anos em decorrência de uma elevação no nível do mar? Exemplos como esse ilustram que, muitas vezes, no planejamento de investimentos de médio e longo prazo, principalmente em infraestrutura, considerar as projeções de mudanças ambientais globais, hoje, representa um custo muito pequeno se comparado aos custos de remediação.

Outro caso semelhante apontando por Adger et al. (2007) é a estação de tratamento de esgoto de Deer Island, em Boston (EUA). Localizada no porto de Boston, os projetistas consideraram que, se o nível do mar subisse, os custos de implantação de um muro de proteção e de toda a adequação do sistema seriam muito maiores do que os custos de mudar a localização para a construção da estação de tratamento. Nesse caso, talvez o custo de se adaptar o projeto à elevação do nível do mar tenha sido praticamente nenhum, pois bastou que se repensasse o local de implantação para que os custos futuros fossem praticamente eliminados.

O homem sempre deve adaptar-se ao ambiente. Pelas projeções dos cenários climáticos do IPCC e pelos casos de agravos ambientais apresentados anteriormente, podemos concluir que não convém tentar fazer com que o processo seja inverso, sem que haja consequências no nosso modo de vida. De uma forma ou de outra, teremos de nos adaptar, tanto se quisermos modificar a natureza para o nosso total propósito, como se tentarmos nos adequar aos processos naturais. E qual seria o caminho menos custoso? Talvez, a busca pela sustentabilidade plena seja uma utopia, mas embora não possa ser alcançada plenamente, ela pode e deve ser o horizonte do que buscamos. Há sempre um preço a se pagar por nossas ações, talvez seja essa a grande dificuldade para o entendimento na sociedade contemporânea. Poucas pessoas estão dispostas a abrir mão de algo, não apenas em termos altruístas, mas inclusive para a busca do seu próprio bem-estar.

5.2 Em busca da sustentabilidade e da resiliência

Os filósofos alemães têm uma expressão que se refere ao "tom temático" de uma época, seu espírito: *Zeitgeist*. Muitos gostam de pensar que o *Zeigeist* da nossa época é o medo, o perigo e a vulnerabilidade. E talvez o seja. No entanto, boas soluções só podem vir de grandes problemas e desafios. Se isso for verdade, deveremos ter um futuro de esperança.

Isso não é mero jogo de palavras. A vulnerabilidade pode bem ser entendida como o outro lado da moeda da sustentabilidade. As duas parecem manter uma relação diametralmente oposta: o aumento da vulnerabilidade implica a diminuição da sustentabilidade. Visto por outro ângulo, o aumento da sustentabilidade dependeria da diminuição da vulnerabilidade (Figura 5.1).

Tanto a vulnerabilidade quanto a sustentabilidade estão com um olho fixo no futuro. Lidar e disciplinar incertezas, administrar inseguranças, prever acontecimentos e se preparar para dar uma resposta são estratégias que ambas utilizam para promover a continuidade e a permanência.

Mas isso não quer dizer que elas sejam termos correspondentes, do ponto de vista conceitual ou cognitivo. A questão é mais simples: sociedades sustentáveis são aquelas que conseguem lidar com certo grau de incerteza e insegurança, mantendo seu futuro num patamar controlado, com crescimentos que tendem à estabilidade e que possuem ações de médio e longo prazo bem definidas. Sociedades vulneráveis, por outro lado, são aquelas que estão mais suscetíveis às intempéries, às oscilações e às incertezas de toda ordem, mesmo no curto ou médio prazo.

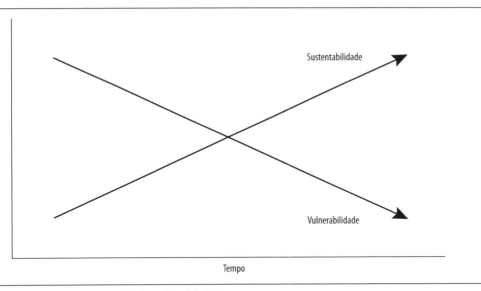

FIGURA 5.1 – Relação sustentabilidade–vulnerabilidade.

A vulnerabilidade, vista por esse ângulo, envolve um conjunto grande de elementos, desde as estruturas materiais (sociais, econômicas, urbanas, ambientais), passando pelas instituições, composição da população, cultura, memória, envolvimento e identidade territorial, práticas sociais e políticas, economia e sistema produtivo etc. Essa concepção interdisciplinar da vulnerabilidade se presta a uma perspectiva integrada e holística da relação população–ambiente, envolvendo a transescalaridade e a mutidimensionalidade dos fenômenos (HOGAN; MARANDOLA JR., 2005; MARANDOLA JR., 2008; 2009). Mais do que isso: ela permite pensar a sustentabilidade pelo seu reverso.

Não devemos confundir essa tendência com uma regra definidora. A complexidade da sociedade contemporânea e suas formas de espaço têm produzido um conjunto cada vez maior de variáveis as quais constroem relações específicas de interação população–ambiente. A correspondência diametralmente oposta vulnerabilidade–sustentabilidade baseia-se no duplo entendimento de suas constituições de forma integrada, holística. Com o pensamento fragmentário contemporâneo, no entanto, tal ponto de vista parece distante, já que alguns podem pensar sociedades sustentáveis a partir de certos parâmetros (trocas de energia ou o crescimento econômico sustentável), o que não eliminaria as vulnerabilidades. O sobe-desce vulnerabilidade-sustentabilidade, portanto, é um indicativo de direções contrárias, no qual para atingir uma sustentabilidade plena, teríamos de conseguir eliminar as vulnerabilidades socialmente produzidas e espacialmente localizadas, ainda que persistissem vulnerabilidades específicas a riscos controlados.

Vulnerabilidade é o termo-chave das ciências ambientais deste início de século. Mas ela vem com um pacote mais abrangente, com ideias que incluem adaptação, mitigação, riscos, perigos e resiliência. Alguns desses conceitos nos ocuparam ao longo do livro, aparecendo em vários contextos em que lançam luz sobre os complexos fenômenos abordados. Mas é a resiliência que talvez sirva para o objetivo de um fechamento de ideias que se desdobre em perspectivas positivas para o futuro. Por quê?

A resposta é simples: porque promover a resiliência de ambientes, cidades, regiões e, em última análise, do planeta, garantirá a sustentabilidade, automaticamente.

Mas é a resiliência um "abracadabra" ambiental?

Folke (2006) fala de pelo menos três tipos de resiliência. A primeira é a **resiliência estrutural**, que retorna um estado anterior, recuperando o sistema de impactos e garantindo, assim, a constância. Uma outra é denominada **resiliência ecológica/ecossistêmica**, a qual envolve a capacidade de amortecimento e a manutenção das funções. Tem sido aplicada também para sistemas sociais, o que produziu um correlato associado: a **resiliência social**. Por fim, o terceiro tipo de resiliência é a chamada **socioecológica**, a qual incorpora a interação distúrbio–reorganização, orientada à capacidade adaptativa e à sustentação.

A resiliência, longe de ser uma solução mágica ou algo natural, é uma característica dos sistemas que pode ser produzida e reforçada. Ela faz parte do conjunto de metas e ações que devem ser priorizadas quando pensamos na sustentabilidade. Mas para isso, é necessário entender os processos de produção e enfrentamento de perigos e a vulnerabilidade.

Promover a resiliência, portanto, é uma das maneiras mais eficientes, no médio e longo prazo, de promover a sustentabilidade, pois provoca alterações na própria estrutura interna dos sistemas, reforçando sua própria capacidade de suportar impactos e de se regenerar.

No entanto, para isso, é imperativo repensar o consumo enquanto meio predominante de relação população–ambiente, já que o consumo está pautado num unilateralismo da relação: P → A. Enquanto esta flecha continuar apontada desta maneira, edificar resiliências desprenderá muita energia e recursos de toda natureza. E nossas sociedades têm dado poucos indícios de que estão dispostas a arcar com eles.

Evidentemente, essa ideia está associada ao entendimento de que é impossível esquivar-se totalmente dos perigos. Na sociedade de risco contemporânea – e provavelmente durante toda a história da humanidade, como mostra Tuan (2005) –, não há ninguém ou nada 100% vulnerável, nem 100% seguro. Da mesma forma, não há cidades, ambientes ou regiões que não sofrerão nunca danos e perdas. O mais importante, nessas situações, é garantir as capacidades de recuperação e resiliência.

Isso não ocorrerá apenas pelo conhecimento científico dos riscos e perigos, nem das estruturas disponíveis para dar respostas a eles. Como o componente da incerteza já introduziu a dúvida na ciência (poucos ainda têm a ilusão da certeza científica), a resiliência socioecológica, mais aberta e compreensiva da relação sociedade–natureza é aquela que apresenta maiores possibilidades de sucesso. O importante não são apenas os planos estruturados e as normatizações de conduta em caso de emergências (o que também é fundamental). O desafio adicional é estar pronto para o imprevisto, para o imponderável e para o intangível.

O tempo–espaço futuro é um campo não descoberto pelo qual todos teremos de caminhar. Sua incerteza, comumente fonte de medo, não deve ser tomada como imobilizante. Nosso desconforto com relação ao futuro é do tamanho da confiança que temos no presente e principalmente no passado. Quando admitirmos a fluidez destes também, o futuro não parecerá tão estranho, e talvez possamos pensar nossas ações de médio e longo prazo com menos pressa e mais ponderação. Mas diante das necessidades, não há muito o que pensar, pois se temos medo do futuro, mas conhecemos nossas utopias, a ação a ser tomada é uma só: caminhar naquela direção.

O importante em todo caso é prestar atenção ao ritmo cotidiano que faz a ampulheta girar tão depressa. Talvez a dificuldade de pensarmos um mundo sustentável esteja na nossa limitação em admitir que não controlamos tudo e que sempre haverá tempo para uma solução inesperada. Vivemos um tempo paradoxal: ainda somos dependentes da confiança quase axiomática no discurso científico, ao mesmo tempo que já não conseguimos exercer essa confiança. O papel da ciência não é disciplinar o mundo, mas compreendê-lo. Felizmente, a flecha do tempo continua inexorável, portanto, não há dia que se repita. Assim também as formas de espaço, de populações e de ambientes ao redor do mundo. As novidades são formas novas de ser e estar no mundo, e o que podemos esperar é que o consumismo não continue sendo, por muito tempo, a forma hegemônica de relação população–ambiente.

O debate populacional, nesse caso, não se resume à pressão do número sobre o ambiente. Já está na hora de assumirmos uma demografia ambiental, que contribua de forma sistemática para a compreensão e construção de um mundo sustentável. Esse é um esforço coletivo para o futuro que agrega à reflexão ambiental um olhar propriamente demográfico à questão, permitindo avançar em diversas frentes. Estas, diferentemente dos primeiros anos do debate ambiental, não devem estar mais associadas à origem do problema ambiental; antes, a grande contribuição de um olhar propriamente demográfico reside na compreensão do enfrentamento dos perigos e à construção de resiliências, focadas em ações adaptativas e mitigativas.

Mudanças climáticas, problemas urbanos, degradação de ecossistemas, poluição e contaminação, riscos e perigos os mais diversos, além de injustiça social, são apenas alguns dos muitos desafios que se colocam no caminho da sustentabilidade. Entender esses problemas do ponto de vista da relação população–ambiente, em suas múltiplas escalas espaciais e temporais, no entanto, é uma senda obrigatória para enfrentá-los em busca da resiliência de cidades, regiões e, em última análise, do planeta.

A busca pela sustentabilidade passa, portanto, por muitas reconstruções: umas mais simples, outras mais complexas. Todas, no entanto, abrem perspectivas instigantes para pensarmos nosso espaço, nosso tempo e nosso ambiente. Aceitar esse desafio é lançar-se em busca de si mesmo na condição de ser que se liga a tudo, mesmo pensando-se como único.

Referências bibliográficas

ADGER, W. Neil et al. K. Assessment of adaptation practices, options, constraints and capacity. In: *Climate Change 2007*: Impacts, Adaptation and Vulnerability. Contribution of Working Group II to the Fourth Assessment Report of the Intergovernmental Panel on Climate Change, M. L. Parry, O. F. Canziani, J. P. Palutikof, P. J. van der Linden and C. E. Hanson (Eds.), Cambridge University Press, Cambridge, 2007. p. 717-743.

ALVES, Humberto P. F. *Análise dos fatores associados às mudanças na cobertura da terra no Vale do Ribeira através da integração de dados censitários e de sensoriamente remoto*. 2003. Tese (Doutorado em Ciências Sociais) – Instituto de Filosofia e Ciências Humanas, Universidade Estadual de Campinas.

ALVES, José E. D.; CAVENAGHI, Susana M. Questões conceituais e metodológicas relativas a domicílio, família e condições habitacionais. *Papeles de Población*, n. 43, p. 105-131, 2005.

ASCHER, François. *Métapolis*: ou l'avenir dês villes. Paris: Odile Jacob, 1995.

BAENINGER, Rosana. Interiorização da migração em São Paulo: novas territorialidades e novos desafios teóricos. In: Encontro Nacional de Estudos Populacionais, 14, Caxambu, 2004. *Anais,* Campinas: Abep, 2004.

BARROS, L. F.; ALVES, José E. D.; CAVENAGHI, Susana M. Novos arranjos domiciliares: condições socioeconômicas dos casais de dupla renda e sem filhos (Dinc). In: Encontro Nacional de Estudos Populacionais, 16, Caxambu, 2008. *Anais*, Belo Horizonte: Abep, 2008.

BATES, Diane C. Environmental refugees? Classifying Human Migrations Caused by Environmental Change. *Population and environment*, v. 23, n. 5, 465-477, 2002.

BECK, Ulrich. *Risk Society*: Towards a new modernity. London: Sage Publications, 1992.

BECK, Ulrich. *World risk society*. Cambridge: Blackwell Publications, 1999.

BERGSON, Henri. *Duração e simultaneidade*. São Paulo: Martins Fontes, 2006.

BERQUÓ, Elza. Demographic Evolution of the Brazilian Population during the Twentieth Century. In: HOGAN, Daniel J. (Org.) *Popula-

tion change in Brazil: contemporary perspectives. Campinas: Population Studies Center (Nepo/Unicamp), 2001. p.13-34.

BRAUDELL, Fernand. *Ecrits sur l'histoire*. Paris: Flammarion, 1969.

BURTON, Ian; KATES, Robert W.; WHITE, Gilbert F. *The environmental as hazard*. New York: Oxford University, 1978.

CALDEIRA, Tereza P. R. *Cidade de muros*: crime, segregação e cidadania em São Paulo. São Paulo: Editora 34/Edusp, 2000.

CARAPINHEIRO, Graça. A globalização do risco social. In: SANTOS, Boaventura de S. (Org.) *A globalização e as Ciências Sociais*. São Paulo: Cortez, 2002. p. 197-230.

CARSON, Rachel. *Primavera silenciosa*. São Paulo: Gaia, 2010.

CASTELLS, Manuel. *A sociedade em rede*. (trad. Roneide V. Majer) Rio de Janeiro: Paz e Terra, 1999.

CHANGEUX, Jean-Pierre (Org.). *Uma ética para quantos?* Bauru: Edusc, 1999.

CAPRA, Fritjof. *Teia da Vida*: Uma Nova Compreensão Científica dos Sistemas Vivos. São Paulo: Cutrix, 2001.

CASTELLS, Manuel. *Sociedade em rede*. São Paulo: Paz e Terra, 2000.

CHAMPION, Tony; HUGO, Gaeme. (Eds.) *New forms of urbanization*: beyond the urban-rural dichotomy. Aldershot: Ashgate, 2004.

CHAPAGAIN, A. K.; HOEKSTRA, A. Y.; SAVENIJE, H. H. G. Saving water through global trade. *Value of Water Research*, n. 17, 2005.

COSTA, Heloisa S. M. Mercado imobiliário, estado e natureza na produção do espaço metropolitano. In: COSTA, Heloisa S. M. (Org.) *Novas periferias metropolitanas*: a expansão metropolitana em Belo Horizonte: dinâmica e especificidades no Eixo Sul. Belo Horizonte: C/Arte, 2006. p. 101-124.

CURRAN, Sara R.; de SHERBININ, Alex. Completing the Picture: the challenges of bringing "Consumption" into de Population-Environment equation. *Population and Environment*, v. 26, n. 2, p. 107-131, 2004.

DUBOIS, René. *Man adapting*. New Haven: Yale University Press, 1980.

EMPRESA BRASILEIRA DE ESTUDOS DO PATRIMÔNIO (EMBRAESP). Estatísticas da Região Metropolitana de São Paulo: Empreendimentos Residenciais. Disponível em: <www.embraesp.com.br>. Acesso em: mar. 2006.

FOLKE, Christian. Resilience: the emergence of a perspective for social-ecological systems analyses. *Global Environmental Change*, v. 16, p. 253-267, 2006.

GIDDENS, Anthony. *As Conseqüências da modernidade*. São Paulo: Ed. UNESP, 1991.

GIDDENS, Anthony. *Modernidade e identidade*. (trad. Plínio Dentzien) Rio de Janeiro: Jorge Zahar, 2002.

HALL, Stuart. *Da diáspora*: identidades e mediações culturais. Belo Horizonte: Ed. UFMG, 2009.

HARTSHORNE, Richard. *The nature of geography*. Lancaster: AAG, 1939.

HARVEY, David. *A condição pós-moderna*: uma pesquisa sobre as origens da mudança social. (trad. Adail U. Sobral e Maria S. Gonçalves) São Paulo: Loyola, 1992.

HEWITT, Kenneth; BURTON, Ian. (1971) *The hazardousness of place*: a regional ecology of damaging events. Toronto: University of Toronto Department of Geography.

HOBSBAWN, Eric. *Era dos extremos*: o breve século XX 1914-1991. São Paulo: Companhia das Letras, 1994.

HOEKSTRA, A. Y.; HUNG, P. Q. "Virtual Water Trade: A quantification of virtual water flows between nations in relation to international crop trade". *Value of Water Research Report Series*, n. 11, p. 25-47, 2002.

HOGAN, Daniel J. Crescimento Demográfico e Meio Ambiente. *Revista Brasileira de Estudos de População,* v. 8, n. 1/2, p. 61-71, 1991.

HOGAN, Daniel J. Crescimento Populacional e Desenvolvimento Sustentável. *Lua Nova*, v. 31, p. 57-77, 1993.

HOGAN, Daniel J. A relação entre população e meio ambiente: desafios para a demografia. In: TORRES, Haroldo G. e COSTA, Heloísa (orgs.). *População e meio ambiente*: debates e desafios. São Paulo: SENAC, 2000. p. 21-52.

HOGAN, Daniel J. Demographic dynamics and environmental change in Brazil. *Ambiente e Sociedade*, Campinas, n. 9, p. 43-73, 2001.

HOGAN, Daniel J. Mobilidade populacional, sustentabilidade ambiental e vulnerabilidade social. *Revista Brasileira de Estudos de População*, v. 22, n. 2, p. 323-338, 2005.

Hogan, Daniel J. População e Meio Ambiente: a emergência de um novo campo de estudos. In: Hogan, Daniel J. (Org.). *Dinâmica populacional e mudança ambiental*: cenários para o desenvolvimento brasileiro. Campinas: Nepo, 2007. p. 13-58.

Hogan, Daniel J.; Marandola Jr., Eduardo. Toward an interdisciplinary conceptualization of vulnerability. *Population, Space and Place*, n. 11, p. 455-471, 2005.

Huq S. et al. Editorial: Reducing risks to cities from disasters and climate change. *Environment & Urbanization*, v. 19, n. 1, 2007.

Ibama – Instituto Brasileiro de Meio Ambiente e dos Recursos Naturais Renováveis. *Estudo de Representatividade Ecológica nos Biomas Brasileiros*. Brasília: Ibama, 2003.

Ibge – Instituto Brasileiro de Geografia e Estatística. P*esquisa Nacional de Saneamento Básico 2008*. Departamento de População e Indicadores Sociais. Rio de Janeiro: IBGE, 2002.

Ipcc – Intergovernmental Panel on Climate Change. *Climate change 2007*: the physical science basis. Cambridge e New York: Cambridge University Press, 2007.

Kasperson, Roger E. et al. (1995) Critical environmental regions: concepts, distinctions, and issues. In: Kasperson, Jeanne X.; Kasperson, Roger E.; Turner II, Bill L. (Eds.) *Regions at risk*: comparisons of threatened environment. Tokio: UNU, 1995. p. 1-41.

Kellerman, Aharon. *Personal mobilities*. London: Routledge, 2006.

Lefebvre, Henri. *A revolução urbana*. Belo Horizonte: Ed. UFMG, 1999.

Lencioni, Sandra. *Região e geografia*. São Paulo: Edusp, 2003.

Lévy, Pierre. *A conexão planetária*: o mercado, o ciberespaço, a consciência. São Paulo: Ed. 34, 2001.

Lovelock, James. *Gaia*: Um Novo Olhar Sobre A Vida Na Terra. Lisboa: Edições 70, 2007.

MacKellar, F. L. et al. Population, households and CO_2 emissions. *Population and Development Review*, v. 21, n. 4, p. 849-865, 1995.

Marandola Jr., Eduardo. *Habitar em risco*: mobilidade e vulnerabilidade no habitar contemporâneo. 2008. Tese (Doutorado em Geografia) – Instituto de Geociências, Universidade Estadual de Campinas, Campinas.

Marandola Jr., Eduardo. Tangenciando a vulnerabilidade. In: Hogan, Daniel J.; Marandola Jr., Eduardo. (Orgs.). *População e mudança climática*: dimensões humanas das mudanças ambientais globais. Campinas: Nepo, 2009. p. 29-52.

Marandola Jr., Eduardo; Hogan, Daniel J. *Natural hazards*: o estudo geográfico dos riscos e perigos. *Ambiente e Sociedade*, Campinas, v. 7, n. 2, p. 95-110, 2004.

Marandola Jr., Eduardo; Hogan, Daniel J. Em direção a uma demografia ambiental? Avaliação e tendências dos estudos de população e ambiente no Brasil. *Revista Brasileira de Estudos da População*, v. 24, p. 191-223, 2007a.

Marandola Jr., Eduardo; Hogan, Daniel J. Vulnerabilities and risks in population and environment studies. *Population and Environment*, n. 28, p. 83-112, 2007b.

Martine, George. A demografia na questão ecológica: falácias e dilemas reais. In: Martine, George. (Org.). *População, meio ambiente e desenvolvimento*: verdades e contradições. Campinas, Ed. da Unicamp, 1993. p. 9-19.

Martine, George. O lugar do espaço na equação população/meio ambiente. *Revista Brasileira de Estudos da População,* v. 24, p. 181-190, 2007.

Martine, George et al. (Eds.) *The new global frontier*: urbanization, poverty and environment in the 21st Century. London: Earthscan, 2009.

McPhee, John. *The control of nature*. New York: Farrar, Straus and Giroux, 1990.

Mello, Leonardo F.; Hogan, Daniel J. População, consumo e meio ambiente. In: Hogan, Daniel J. (Org.). *Dinâmica populacional e mudança ambiental*: cenários para o desenvolvimento brasileiro. Campinas: Nepo, 2007. p. 26-40.

Monte Mor, Roberto L. O que é o urbano no mundo contemporâneo. *Texto para Discussão*, Belo Horizonte, n. 281, 2006.

Moran, Emilio F. *A ecologia humana das populações da Amazônia*. Petrópolis: Vozes, 1990.

Nakicenovic, N.; Swart, R. (Eds.). *IPCC Special Reporto n Emission Scenarios*. IPCC/UNEP/WMO, 2001.

NASH, Roderick F. *The rights of nature*: a history of environmental ethics. Wisconsin: The University of Wisconsin Press, 1989.

NEWMAN, P. The environmental impact of cities. *Environment and Urbanization*, v. 18, n. 2, p. 275-295, 2006.

O'NEILL, Brian; MACKELLAR, F. L.; LUTZ, W. (2001). *Population and Climate Change*. New York: Cambridge University Press.

OJIMA, Andrea L. R. O. et al. A (nova) riqueza das nações: exportação e importação brasileira da água virtual e os desafios frente às mudanças climáticas. *Tecnologia & Inovação Agropecuária*, v. 1, p. 64-73, 2008.

OJIMA, Ricardo. Dimensões da urbanização dispersa e proposta metodológica para estudos comparativos: uma abordagem socioespacial em aglomerações urbanas brasileiras. *Revista Brasileira de Estudos da População*, v. 24, n. 2, p. 277-300, 2007.

OJIMA, Ricardo. Perspectivas para a adaptação frente às mudanças ambientais globais no contexto da urbanização brasileira: cenários para os estudos de população. In: HOGAN, Daniel J.; MARANDOLA JR., Eduardo. (Orgs.). *População e Mudança Climática*: Dimensões Humanas das Mudanças Ambientais Globais. Campinas: Nepo, 2009. p. 191-204.

OJIMA, Ricardo; HOGAN, Daniel J. Mobility, urban sprawl and environmental risks in Brazilian urban agglomerations: challenges for the urban sustainability in a developing country. In: de SHERBININ, A. et al. (Eds.). *Urban Population and Environment Dynamics in the Developing World*: Case Studies and Lessons Learned. Paris: Cicred, 2009. p. 281-316.

OJIMA, Ricardo; MARANDOLA JR., Eduardo. Cidades líquidas: mobilidade populacional e ambiente no urbano contemporâneo. In: TRIMIÑO, Gilberto J.C.; CARMO, Roberto L. (Orgs.). *Población y medio ambiente en Latinoamérica y el Caribe*: Cuestiones recientes y desafíos para el futuro. Rio de Janeiro: Alap, 2009. p. 47-60.

PRIGOGINE, Ilya; STENGERS, Isabele. *A nova aliança*: a metamorfose da ciência. Brasília: Ed. UnB, 1984.

REES, William E.; WACKERNAGEL, Mathis. *Our ecological footprint*: reducing human impact on the Earth. New Society Press: Gabriola Island, 1996.

Rolston III, Holmes. *Environmental etchis*: duties to and values in the natural world. Philadelphia: Temple, 1988.

Santos, Douglas. *A reinvenção do espaço*: diálogos em torno da construção do significado de uma categoria. São Paulo: Ed. Unesp, 2002.

Sawyer, Donald. Climate change, biofuels and eco-social consequences in the Brazilian Amazon and Cerrado. *Philosophical Transactions of the Royal Society of London*, v. especial, 2007.

Serafy, Salah El. Sustainability, income measurement, and growth. In: Goodland, Robert; Daly, Herman E.; Serafy, Salah El. (eds.) *Population, technology, and lifestyle*. Washington: Island, 1992.

Soja, Edward W. *Geografias pós-modernas*: a reafirmação do espaço na teoria social crítica. (trad. Vera Ribeiro) Rio de Janeiro: Jorge Zahar, 1993.

Szmrecsányi, Tamás. (Org.). *Malthus*: economia. São Paulo: Ática, 1982.

Torres, Haroldo da G. A demografia do risco ambiental. In: Torres, Haroldo da G.; Costa, Heloisa. (Orgs.) *População e meio ambiente*: debates e desafios. São Paulo: Senac, 2000. p. 53-73.

Tuan, Yi-Fu. *Paisagens do medo*. (trad. Lívia de Oliveira) São Paulo: Ed. Unesp, 2005.

Unep (1996). *An Urbanizing World*: Global Report on Human Settlements 1996, UNEP/Habitat, Oxford: Oxford University Press.

Unfpa – United Nations Population Fund. *Situação da População Mundial 2007*: Desencadeando o Potencial do Crescimento Urbano. Fundo de População das Nações Unidas. Nova York: Unfpa, 2007.

Urry, John. *Mobilities*. Cambridge: Polity, 2007.

Vasconcelos, Eduardo A. *Transporte urbano, espaço e eqüidade*. São Paulo: Annablume, 2001.

Zancanaro, Lourenço. O significado do "dever" na ética do futuro. In: Hansen, Gilvan L.; Cenci, Elve M. (Orgs.) *Racionalidade, modernidade e universidade*. Londrina: Ed. da UEL, 2000. p. 74-94.